"十四五"职业教育国家规划教材

数据库应用基础
——Access 2016

魏茂林　主　编

电子工业出版社

Publishing House of Electronics Industry

北京·BEIJING

内 容 简 介

本书是根据教育部颁发的职业教育专业目录中的"中等职业教育专业——计算机类"数据库课程教学标准和要求编写的。

本书共 8 个项目，主要包括 Access 2016 数据库基础、表的基本操作、创建查询、窗体设计、报表设计、宏的应用、数据库管理与维护、数据库管理系统应用实例。本书按照"项目—任务—训练"的框架进行编写，内容编排遵循认知规律，由浅入深，每个项目先给出总体描述，然后分解任务要求，通过具体的案例给出相应的训练操作，项目后设有习题，帮助学习者在学习 Access 2016 数据库知识的基础上，提升技能操作水平和素养。

本书可作为中等职业学校计算机类专业的教材，也可作为 Access 数据库学习与培训的教材。

图书在版编目（CIP）数据

数据库应用基础：Access 2016 / 魏茂林主编. —北京：电子工业出版社，2022.10

ISBN 978-7-121-44366-4

Ⅰ. ①数… Ⅱ. ①魏… Ⅲ. ①关系数据库系统－中等专业学校－教材 Ⅳ. ①TP311.138

中国版本图书馆 CIP 数据核字（2022）第 180230 号

责任编辑：蔡　葵　　　　　　特约编辑：田学清

印　　刷：三河市双峰印刷装订有限公司

装　　订：三河市双峰印刷装订有限公司

出版发行：电子工业出版社

　　　　　北京市海淀区万寿路 173 信箱　　　　邮编：100036

开　　本：880×1 230　　　1/16　　印张：14.5　　字数：325 千字

版　　次：2022 年 10 月第 1 版

印　　次：2024 年 12 月第 7 次印刷

定　　价：39.80 元

前　言

　　本书是根据教育部颁发的职业教育专业目录中的"中等职业教育专业——计算机类"数据库课程教学标准和要求编写的。

　　本书主要讲授 Access 2016 数据库基础知识、表的基本操作及数据库对象的创建与应用，以提高学生应用 Access 数据库的能力。本书共 8 个项目，主要包括 Access 2016 数据库基础、表的基本操作、创建查询、窗体设计、报表设计、宏的应用、数据库管理与维护、数据库管理系统应用实例。本书按照"项目—任务—训练"框架构建学习内容，每个任务按照"任务—任务分析—任务操作"结构组织学习内容，任务要求明确，任务分析简明扼要，任务操作步骤具体。项目 8 的数据库管理系统应用实例通过对前面项目内容的整合，形成了一个比较完整的学生成绩数据库应用管理系统。

　　党的二十大报告强调"必须坚持科技是第一生产力、人才是第一资源、创新是第一动力"，这为职业教育事业长远发展提供了根本遵循。本书在编写过程中始终遵循学生发展规律和人才成长规律，对教材内容进行创新引领编排，全书围绕学生"成绩管理"这一典型的实例进行讲述，通过"项目—任务—训练"框架的引领，每个项目先给出了总体项目要求，然后将项目分解为多个任务，对每个任务进行分析，分析完成任务的方法，给出具体的操作步骤，学生依据要求进行操作，就能完成任务，从而降低了学生操作的难度。在任务的选取上，根据项目的总体要求选择典型的任务，以易于学生理解。对于完成操作的多种方法、操作技巧或注意事项等，给出了必要的"提示"；与任务内容相关的知识，给出了"相关知识"，便于学生自学或在教师引领下学习，以拓展知识，培养兴趣；任务后给出了"做一做"，作为任务内容的补充，也进一步巩固了所学的内容；为启发思维训练，跟随任务给出了"想一想"，提升素养和能力；每个项目完成后给出了大量的习题，其中操作题围绕"教材订购"数据库实例进行操作训练，使学生更好地掌握数据库的操作过程和方法，有利于学生全面地学习 Access 数据库知识，提高对 Access 数据库的应用能力。本书在编写过程中考虑到中等职业学校大部分学生没有 VBA 基础，也不需要为此单独开设一门课程进行学习，因此本书没有涉及 Access 数据库中有关 VBA 代码编写方面的内容，而是通过宏操作来实现的，从而降低了 Access 数据库学习的难度。

　　本书教学建议安排 68 学时，具体安排如下表所示。

项目	课时		
	讲授	上机实训	合计
项目 1　Access 2016 数据库基础	4	4	8
项目 2　表的基本操作	4	8	12
项目 3　创建查询	4	6	10
项目 4　窗体设计	6	10	16
项目 5　报表设计	2	4	6
项目 6　宏的应用	2	2	4
项目 7　数据库管理与维护	2	2	4
项目 8　数据库管理系统应用实例	2	6	8
合计	26	42	68

　　本书由魏茂林担任主编，参加编写的还有韩健、张晓婷、董风勤、赵静、秦素华等。由于编者水平有限，书中难免存在不足之处，望广大师生提出宝贵意见。

编　者

2022 年 4 月

目 录

●●●●●●●

项目 1 Access 2016 数据库基础

随着信息化、网络化、数字化及智能化的发展，我们逐步迈入"互联网+"时代，各种先进的计算机信息技术、多媒体技术及数字化技术等被应用到各大领域，同时数据库技术也得到了快速发展，在管理信息系统、办公自动化系统、决策支持系统等各类信息系统中，数据库技术发挥着越来越重要的作用，它既是信息系统的核心部分，也是科学研究和决策管理的重要技术手段。

项目要求

全面理解数据库的基本概念、数据模型及关系数据库的特点，为使用 Access 2016 数据库管理系统对数据库和表进行基本的管理和应用做好准备。本项目包含下列任务。

（1）理解数据库的基本概念及数据模型。

（2）创建"成绩管理"数据库。

（3）在"成绩管理"数据库中创建"学生"表、"课程"表等。

（4）在"学生"表及"课程"表中输入记录。

（5）根据要求修改表的字段结构。

任务 1　数据库基础知识

数据库是数据的储存仓库，主要用于数据集合，可以将大量的数据长时间存放在计算机的存储介质中。计算机相关信息在存储的过程中，数据集合具有一定的逻辑性，在数据库系统中可以存储大量的数据信息，其中有关信息数据的存储通过有关算法处理后，就能发挥相应的作用。

【任务】全面学习 Access 数据库知识，理解数据库的基本概念。

任务分析

随着信息化时代的到来，数据库技术也得到了快速发展，其在相关领域的应用也日益广泛，因此，在学习数据库管理系统之前，有必要对数据库、数据库系统、关系模型等有关概念进行学习，了解其基本原理，理解它们之间的关系，为后续学习 Access 数据库应用打下基础。

任务操作

1. 数据、数据库、数据库管理系统和数据库系统

（1）数据（Data）是描述事物的符号记录。例如，个人数据有姓名、性别、身份证号码、身高、住址等。在计算机系统中，各种字母、数字符号的组合，图形，图像，音频，视频等统称为数据，数据经过加工后就成为信息。

（2）数据库（DataBase，DB）是长期存储在计算机内有组织的并可共享的数据集合。数据库是一个单位或一个应用领域的通用数据处理系统，它存储的是有关数据的集合。

（3）数据库管理系统（DataBase Management System，DBMS）是用来建立、存取、管理和维护数据库的软件系统，负责数据库中的数据组织、数据操纵、数据维护、控制及保护和数据服务等，是数据库系统的核心，也是用户与数据库之间的接口。例如，学校的办公系统，它包括对学校日常工作的各种组织、运行、维护、管理等。

（4）数据库系统（DataBase System，DBS）是引进数据库技术后的整个计算机系统，能够实现有组织地、动态地存储大量相关数据，提供数据处理和信息资源共享。它主要由计算机硬件（存储介质数据库）、软件（操作系统、数据库管理系统、数据库管理系统开发工具等）、数据库和用户（数据库管理员、用户等）4 部分组成，如图 1-1 所示。

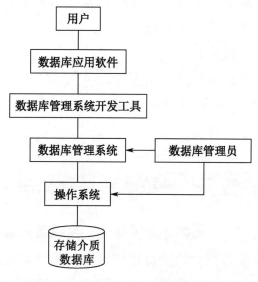

图 1-1　数据库系统组成

数据库、数据库系统、数据库管理系统三者之间的关系是：数据库系统包含数据库和数据库管理系统，数据库又是数据库管理系统的管理对象。

2. 数据库系统的特性

数据库系统主要有以下特性。

（1）特定的数据模型。数据库系统实现了整体数据的结构化，数据库中的数据面向全组织，不仅数据内部是结构化的，而且是整体式结构化的。数据库以数据模型组织数据，如关

系数据库以关系模型来组织数据。

（2）实现数据共享，减少数据冗余。数据共享是数据库的一个重要特性。一个数据库不仅可以被一个用户使用，也可以被多个用户使用，同样，多个用户可以使用多个数据库，从而实现数据共享，提高资源利用率。

由于在数据库系统中实现了数据共享，可以避免数据库中数据的重复出现，大大降低了数据冗余性。

（3）数据独立性。数据库系统中的数据是以记录为存取单位的，记录与记录之间相对独立，部分数据的改变不会影响其他数据的内容和结构。

（4）数据的保护控制。由于数据库可以被多个用户或应用程序共享，也就存在多个用户或应用程序同时访问一个数据库的可能性，因此数据库系统必须提供必要的保护措施，这些措施包括数据的安全性控制、数据的并发访问控制及数据的完整性控制等。

3．数据模型

数据模型是对客观事物数据特征进行模拟和抽象的工具，是数据库中用于提供信息表示和操作手段的形式架构。数据模型是数据库系统的基础和核心，常见的数据模型有层次模型、网状模型和关系模型，各种数据库管理系统都是基于某种数据模型的，其中应用最广泛的是关系模型。

（1）层次模型：用树形结构表示实体及实体之间联系的数据模型。树中每个节点代表一个记录类型，树形结构表示实体之间的联系。现实世界中很多事物是按层次组织起来的。例如，公司各部门、公务员的行政职务等都采用层次模型。层次模型示意图如图 1-2 所示。

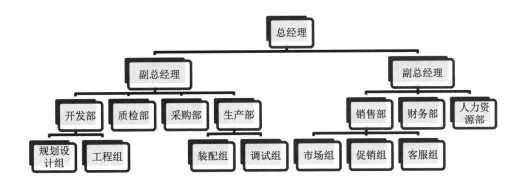

图 1-2　层次模型示意图

（2）网状模型：用网状结构表示实体类型及实体之间联系的数据模型。例如，学校的教师、学生、课程、教室之间的联系采用网状模型。通常一个学生可以选修若干门课程，某一课程可以被多个学生选修；一个教师可以教几门课程，每个学生选修的多门课程分别由不同的教师任教，因此，学生与课程、教师与学生都是相互联系的，他们之间形成网状关系。网状模型示意图如图 1-3 所示。层次模型是网状模型的一个特例。

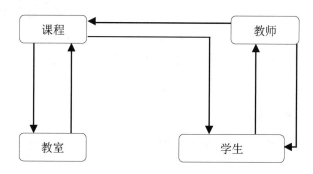

图 1-3　网状模型示意图

（3）关系模型：用二维表的形式表示实体及实体之间联系的数据模型。在关系模型中一个关系对应着一个二维表，二维表名称就是关系名。例如，"学生"表、"成绩"表等。关系模型示意图如图 1-4 所示。

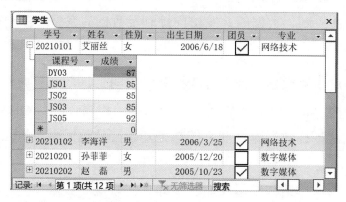

图 1-4　关系模型示意图

构成关系模型的二维表应满足以下条件。

① 表中不允许有重复的字段名，也就是说一个表中不能有两个相同的属性。

② 表中每一列数据必须具有相同的数据类型。

③ 表中不允许有两条完全相同的记录。

④ 表中行的排列次序及列的排列次序可以任意，并且其次序不影响表中的关系。

随着数据库应用领域的进一步拓展与深入，传统的数据模型已不能满足实际工作对数据处理的需要。对象数据、空间数据、图像与图形数据、声音数据、关联文本数据及海量仓库数据等数据的出现，使传统数据库在建模、语义处理、灵活度等方面都无法适应。为满足发展需要，数据模型向多样化方向发展，如面向对象数据模型、XML 数据模型及其他新出现的数据模型等。

4．关系数据库

关系数据库是建立在关系模型基础上的数据库，借助于集合代数等概念和方法来处理数据库中的数据。关系数据库把每个实体看成一个二维表，用二维表来组织和存储数据，每个二维表又称为关系。关系数据库是数据库应用的主流，许多数据库管理系统的数据模型都是基于关系模型开发的。

在关系数据库管理系统中，关系数据库是通过一个二维表来表示数据之间的联系的。表中的每列称为一个字段，表的第一行是字段名。例如，可以按如表 1-1 所示的"学生"表来建立一个关系数据库，表中的"学号""姓名""性别"等称为字段，每个字段都有唯一的名字，并且每个字段中所有的数据都必须是同一种数据类型。从第二行开始每行是一条记录，一个数据库中可以存储多条记录。

表 1-1　"学生"表

学号	姓名	性别	出生日期	团员	专业
20210101	艾丽丝	女	2006 年 06 月 18 日	T	网络技术
20210102	李海洋	男	2006 年 03 月 25 日	T	网络技术
20210201	孙菲菲	女	2005 年 12 月 20 日	F	数字媒体
20210202	赵　磊	男	2005 年 10 月 23 日	T	数字媒体
20210203	王帅帅	男	2006 年 05 月 20 日	F	数字媒体
20220101	张婷婷	女	2005 年 09 月 20 日	T	物联网技术
20220102	李玉玲	女	2007 年 04 月 10 日	T	物联网技术

关系数据库分为两类：一类是桌面数据库，如 Access、FoxPro 等；另一类是客户/服务器数据库，如 SQL Server、Oracle 和 Sybase 等。

5．关系操作

关系数据库中的核心内容是关系，即二维表。而对二维表的使用主要包括按照某些条件获取相应行、列的内容，或者通过表之间的联系获取两个表或多个表相应的行、列的内容。概括起来关系操作包括选择操作、投影操作和连接操作。关系操作的操作对象是关系，操作结果也是关系。

（1）选择操作。在关系中选择满足某些条件的行（记录）。例如，从"学生"表中筛选"数字媒体"专业的学生，需要通过选择操作来完成，如图 1-5 所示。

学号	姓名	性别	团员	专业
20210101	艾丽丝	女	T	网络技术
20210102	李海洋	男	T	网络技术
20210201	孙菲菲	女	F	数字媒体
20210202	赵　磊	男	T	数字媒体
20210203	王帅帅	男	F	数字媒体
20220101	张婷婷	女	T	物联网技术
20220102	李玉玲	女	T	物联网技术

学号	姓名	性别	团员	专业
20210201	孙菲菲	女	F	数字媒体
20210202	赵　磊	男	T	数字媒体
20210203	王帅帅	男	F	数字媒体

图 1-5　选择操作

（2）投影操作。在关系中选择若干属性列（字段）组成新的关系。例如，从"学生"表中查找所有学生的"学号"、"姓名"和"专业"等字段内容，需要通过投影操作来完成，如图 1-6 所示。

学号	姓名	性别	团员	专业
20210101	艾丽丝	女	T	网络技术
20210102	李海洋	男	T	网络技术
20210201	孙菲菲	女	F	数字媒体
20210202	赵 磊	男	T	数字媒体
20210203	王帅帅	男	F	数字媒体
20220101	张婷婷	女	T	物联网技术
20220102	李玉玲	女	T	物联网技术

学号	姓名	专业
20210101	艾丽丝	网络技术
20210102	李海洋	网络技术
20210201	孙菲菲	数字媒体
20210202	赵 磊	数字媒体
20210203	王帅帅	数字媒体
20220101	张婷婷	物联网技术
20220102	李玉玲	物联网技术

图 1-6　投影操作

投影之后不仅取消了原关系中的某些字段，还可能取消某些记录，这是因为取消了某些字段后，可能出现重复的记录，应该取消这些完全相同的记录。

（3）连接操作。将不同的两个关系连接成为一个关系。对两个关系的连接，其结果是一个包含原关系所有字段的新关系。例如，从"学生"表和"成绩"表中，根据"学号"字段相同这一条件，连接生成一个新的表，新生成的表中包括两个表中记录的部分（或全部）字段（同名字段只出现一次），如图 1-7 所示。

学号	姓名	性别	团员	专业
20210101	艾丽丝	女	T	网络技术
20210102	李海洋	男	T	网络技术
20210201	孙菲菲	女	F	数字媒体
20210202	赵 磊	男	T	数字媒体
20210203	王帅帅	男	F	数字媒体
20220101	张婷婷	女	T	物联网技术
20220102	李玉玲	女	T	物联网技术

学号	姓名	技能证书	学分
20210101	艾丽丝	中级	110
20210102	李海洋	中级	108
20210201	孙菲菲	中级	112
20210202	赵 磊	中级	106
20210203	王帅帅	初级	100
20220101	张婷婷	初级	36
20220102	李玉玲	初级	36

学号	姓名	专业	技能证书	学分
20210101	艾丽丝	网络技术	中级	110
20210102	李海洋	网络技术	中级	108
20210201	孙菲菲	数字媒体	中级	112
20210202	赵 磊	数字媒体	中级	106
20210203	王帅帅	数字媒体	初级	100
20220101	张婷婷	物联网技术	初级	36
20220102	李玉玲	物联网技术	初级	36

图 1-7　连接操作

相关知识

数据库基本概念拓展

1. 实体

现实世界客观存在又相互区别的事物，称为实体。实体可以是实际存在的对象（如汽车），也可以是抽象的对象（如产品质量），或是事物与事物之间的联系（如一场排球赛）。实体集是具有相同类型及相同属性的实体的集合。实体通过一组属性表示，属性是实体集中每个成员都具有的描述性性质。实体-联系图（E-R 图）提供了表示实体类型、属性和联系的方法，是描述现实世界概念结构模型的有效方法。

2. 属性

关系表中的字段称为属性，字段值称为属性值。例如，"学生"表中可以用"学号""姓名""性别""专业"等属性来描述。

3. 域

域是属性的取值范围。域可以是字符、数值、日期、整型、逻辑等类型，如性别的值域可以是"男"或"女"。同一实体集合中，各实体值相应的属性有着相同的域。

4. 元组

元组是关系数据库中的基本概念，表中的每一行（数据库中的每条记录）就是一个元组，每一列就是一个属性。在二维表中，元组也称为记录。

5. 关键字

能唯一标识出实体集中的各个实体的某个属性或属性组合，称为关键字。例如，在"学生"实体集中，能作为关键字的属性可以是"学号"，它唯一标识了实体集中的某个实体，而"姓名"一般不能作为关键字，因为存在重名的可能性。

当关系中有多个属性可作为关键字而选定其中一个时，则称此属性为该实体的主关键字。当在实体的多个属性中，某属性不是该实体的主关键字，却是另一实体的主关键字时，则称此属性为该实体的外部关键字。

6. 元数

元数即关系模式中属性的个数，也可以说是表中列的个数。例如，在关系模型"学生"表中，如果有"学号"、"姓名"、"性别"、"民族"、"出生日期"、"入学成绩"、"专业"和"团员"8 个属性，则该表的元数为 8。

任务 2 创建 Access 数据库

Access 2016 是 Microsoft Office 2016 套件产品之一，是基于 Windows 的小型桌面关系数据库管理系统。它提供了多种数据库系统对象，使普通用户不必编写代码就可以完成简单的数据管理任务。创建数据库前，应确定：

数据库功能	数据库用来做什么
数据库内容	数据库要存放哪些数据
数据库名	数据库文件名
数据库存放位置	数据库存放的文件夹

任务 2.1 启动 Access 2016

【任务】启动 Access 2016，了解其窗口的组成。

任务分析

本任务通过启动并运行 Access 2016，了解其窗口的组成，以便进行后续数据库操作的学习。

任务操作

（1）启动 Access 2016。在计算机上安装 Microsoft Office 2016 的 Access 2016 组件后，即可启动 Access 2016。启动 Access 2016 的方法有很多，常用的方法是在"开始"菜单中选择 Access 命令，启动 Access 2016，打开 Access 2016 启动窗口，如图 1-8 所示。

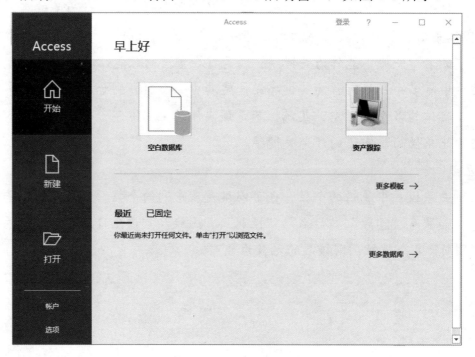

图 1-8 Access 2016 启动窗口

该窗口左侧窗格包括"开始""新建""打开"等按钮，通过这些按钮可以快速新建数据库，选择之前打开过的数据库；右侧窗格中显示相应的可操作的选项，包括数据库模板、各种预定义的模板等。

（2）单击"空白数据库"选项，创建一个新的数据库。

（3）退出 Access 2016。退出 Access 2016 的方法也有很多，常用的方法如下。

① 单击"文件"选项卡中的"关闭数据库"按钮，退出 Access 2016。

② 单击 Access 2016 窗口右上角的"关闭"按钮✕，可以快速退出 Access 2016。

相关知识

Access 简介

Access 是由微软公司推出的关系数据库管理系统（Relational DataBase Management System，RDBMS）。它结合了 Microsoft Jet DataBase Engine 和图形用户界面特点，是一种关系数据库工具。Access 提供了表、查询、窗体、报表、页、宏、模块 7 种用来建立数据库系统的对象；提供了多种向导、生成器、模板，把数据存储、数据查询、界面设计、报表生成等操作规范化；为建立功能完善的数据库管理系统提供了方便，也使普通用户不必编写代码就可以完成较简单的数据管理任务。其主要应用体现在以下方面。

（1）数据分析。Access 有强大的数据处理、统计分析能力，用户利用 Access 的查询功能，可以方便地进行各类汇总、平均等统计，提高工作效率。

（2）开发应用软件。Access 可以用来开发生产管理、销售管理、库存管理等各类数据库应用管理软件，在开发一些小型网站 Web 应用程序时，也可以用来存储数据。

当然，Access 作为小型的数据库管理系统，存在明显的不足。例如，当数据库过大时，其性能就会下降，容易出现各种因数据库访问频率过快而引起的数据库问题，数据库的安全性也比其他类型的数据库低。

任务 2.2　创建数据库

对大量的数据进行管理，通常要将不同属性的数据存放在不同的表中，为了发挥 Access 系统对数据的管理能力，需要将这些表用数据库来管理。创建 Access 数据库的方法有很多，常用的一种方法是先创建空数据库，然后向该数据库中添加表、查询、窗体、报表等对象；另一种方法是使用数据库模板创建数据库，这种方法可以快速创建数据库，生成该数据库模板中特定的表、窗体和报表等。

【任务 1】小工要对个人财产和物品进行管理，选择适当的数据库模板创建一个 Access 数据库。

任务分析

Access 提供了许多数据库模板，使用这些数据库模板可以快速创建 Access 数据库。在使用数据库模板之前，应先分析要创建的数据库的类型、特点、应用，以及存放哪些对象数据，然后选择合适的数据库模板来创建 Access 数据库。由于本任务是存放个人财物，因此可以选择"家庭库存"数据库模板来创建数据库。

任务操作

（1）启动 Access 2016，在如图 1-8 所示的左侧窗格中单击"新建"按钮，在右侧窗格中选择一种预定义"家庭库存"数据库模板，如图 1-9 所示。自行命名该数据库文件名，如"我的财产"，并确定保存路径，单击"创建"按钮，在系统联网后下载该模板。

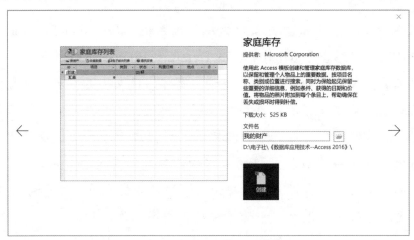

图 1-9　使用数据库模板创建数据库

（2）创建"我的财产"数据库后，系统自动打开该数据库。在左侧窗格中可以查看该数据库中的对象，在右侧窗格中可以了解所选择的数据库对象的内容构成。例如，"家庭库存列表"所包含的栏目内容如图 1-10 所示。

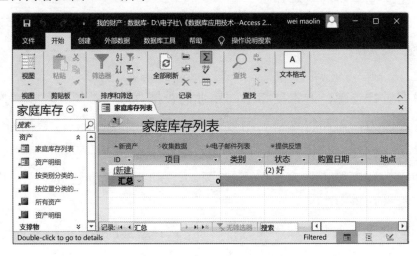

图 1-10　"家庭库存列表"所包含的栏目内容

（3）单击"文件"选项卡中的"关闭"按钮，关闭该数据库。

这样就创建了"我的财产"数据库。如果在预定义的数据库模板中找不到合适的数据库，可以在"联机搜索模板"框中输入要创建的数据库关键字，通过网络搜索 Access 数据库模板。

【任务 2】学校要对学生成绩进行管理，要求创建一个名为"成绩管理"的 Access 数据库，用来存储学生的基本信息和考试成绩等信息。

任务分析

采用先创建"成绩管理"空白数据库，然后向该数据库中添加表的方法，这些表可以是学生的基本信息和考试成绩等信息。

任务操作

（1）启动 Access 2016，在启动窗口中单击"空白数据库"选项，在打开的对话框中输入数据库文件夹名称，命名该数据库为"成绩管理"。

（2）单击"创建"按钮，Access 自动创建"成绩管理"数据库，并在数据表视图中打开一个名为"表 1"的空表，空表视图如图 1-11 所示。

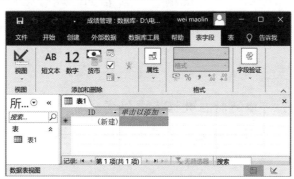

图 1-11　空表视图

上述操作创建的是一个名为"成绩管理"的空白数据库，数据库文件的扩展名为.accdb，该数据库中不包含任何对象，用户可根据需要添加表、查询、窗体等对象。

提示

为了将用户数据单独存放在一个文件夹中，可以设置 Access 2016 默认的数据库存储文件夹，单击"文件"选项卡中的"选项"按钮，在弹出的"Access 选项"对话框的"常规"选项中，更改"默认数据库文件夹"的路径，如图 1-12 所示。

图 1-12　"Access 选项"对话框的设置

想—想

了解学校学生成绩管理流程，列出成绩管理所需要的数据表格。

保存设置后，当再次创建或读取数据时，系统将自动在已设置的默认文件夹中进行操作。

相关知识

打开或关闭数据库

1. 打开数据库

在"文件"选项卡中单击"打开"按钮，在窗口右侧的"打开"窗格中出现"最近使用的文件""OneDrive""这台电脑""添加位置"等按钮，如果在最近使用的文件列表中没有需要的数据库，则单击"这台电脑"按钮，在当前计算机中选择要打开的数据库。"OneDrive"是微软公司推出的云存储服务，使用 OneDrive 的在线功能，使办公软件 Office 与 OneDrive 结合，用户不仅可以在线创建、编辑和共享文档，还可以和本地的文件编辑任意切换，在本地编辑后在线保存或在线编辑后可在本地保存。在线编辑的文件是实时保存的，因此可以避免本地编辑时因宕机造成的文件内容丢失，从而提高文件的安全性。使用 OneDrive 前必须首先注册 Microsoft 账户，它是微软公司产品的统一账户。

2. 保存数据库

数据库创建完成后，可以随时在数据库中创建、编辑表、窗体、报表等数据库对象，且应对文件及时保存，这样可以避免因意外而造成的数据丢失。保存数据库的方法是单击"文件"选项卡中的"保存"按钮。

3. 关闭数据库

单击"文件"选项卡中的"关闭"按钮，即可关闭数据库，但没有退出 Access 系统。

做—做

使用系统"教职员"模板创建一个"员工"数据库，查看该数据库所包含的对象。

任务 3 创建表

如果要对学生成绩进行管理，那么在建立"成绩管理"数据库后，还要在该数据库中建立表，以便将数据输入相应的表中。创建表的方式包括直接创建表、使用设计视图创建表等。在使用"成绩管理"数据库前，应先规划该数据库所包含的表。

"教师"表	用来存放教师授课信息
"学生"表	用来存放学生基本信息

续表

"课程"表	用来存放课程名称等信息
"成绩"表	用来存放学生课程成绩

任务 3.1　输入数据创建表

【任务】学生所学课程由教师任教，在"成绩管理"数据库中创建"教师"表来保存教师授课信息，"教师"表如图 1-13 所示。

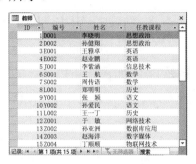

图 1-13　"教师"表

任务分析

在数据表视图中可以以直接输入数据的方法来创建表，只要在该表中添加字段、更改字段名称、输入相关数据即可。

任务操作

（1）启动 Access 2016，打开"成绩管理"数据库。

（2）在"创建"选项卡"表格"选项组中，单击"表"按钮，在数据表视图中自动添加"ID"字段，如图 1-14 所示。

提示

表中的"ID"是系统默认的"自动编号"字段，主要用来设置主键。

（3）单击"单击以添加"下拉按钮，在出现的数据类型下拉列表中选择"短文本"，此时出现"字段 1"，将该字段名更改为"编号"，如图 1-15 所示。

图 1-14　数据表视图

图 1-15　添加的字段

（4）重复上述操作，分别添加"姓名"和"任教课程"字段，字段的数据类型均为"短文本"。

（5）建立表结构后，就可以在表中添加记录了。在表的"编号"字段名下面的单元格中输入第一条记录的编号"D001"，在"姓名"字段名下面的单元格中输入第一条记录的教师姓名"李晓明"，在"任教课程"字段名下面的单元格中输入第一条记录的课程名"思想政治"，如图 1-16 所示。由于"ID"字段为自动编号字段，所以不需要用户输入，系统自动添加序号。

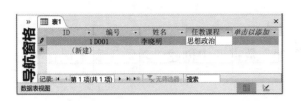

图 1-16　输入第一条记录

（6）将光标移动到下一行，依次输入如图 1-13 所示的其他记录。

（7）单击快速访问工具栏中的"保存"按钮，在弹出的"另存为"对话框中，输入要保存的表名称——"教师"，单击"确定"按钮。

在数据表中输入记录后，如果需要更改数据类型或属性值，可在表的设计视图中进行修改。

相关知识

设计数据库的一般步骤

以"成绩管理"数据库为例，其设计过程可以分为以下几个步骤。

（1）总体设计。这是创建数据库的第一步工作。对数据库进行整体规划，将数据库的相关信息记录在纸上，包括数据库的用途、预期使用方式及使用者等。对于一个小型数据库来说，可以记录一些信息列表等简单内容。如果数据库比较复杂或由很多人使用，则可以将数据库的用途简单地分为一段或多段描述性内容，且包括每个人将在何时以何种方式使用数据库。这样做的目的是获得一个良好的任务说明，以作为整个设计过程的参考。

（2）查找和组织所需的信息。收集可能在数据库中记录的各种信息。例如，通常的做法是学校登记学生个人的基本信息、每个班级每学期开设的课程及每次考试后汇总这次考试各门课程的成绩等信息。学校收集这些信息，并列出所显示的每种信息，以及可能希望由数据库生成的报表等。例如，可以按班级来生成"班级总成绩"表，或者按科目生成"课程考试成绩"表，或者生成每位学生三年的"总成绩"表等。

（3）将信息划分到表中。将信息划分到主要的实体或主题中，如"学生"表或"成绩"表。每个主题即构成一个表。数据库有如下几种典型的组织方式。

①在一个数据库文件中只有一个表。如果只记录单一种类的数据，则可以使用一个单一的表。

② 在一个数据库文件中有多个表。如果数据比较复杂，如包括学生、成绩、教师、课程等，则可以使用多个表。

③ 在多个数据库文件中有多个表。如果想在多个不同的数据库中共享相同的数据，则可以使用多个数据库文件。例如，如果需要在学籍数据库、成绩数据库、图书借阅数据库中用到学生基本信息，则可以将基本信息单独存储在一个数据库中。

在设计数据库时，每个事实应尽可能仅记录一次。如果发现在多个位置出现重复的信息（如学生的考试成绩），则可以将该信息放入单独的表中。

选择用表来表示主题后，该表中的列就仅存储有关该主题的事实。例如，"学生"表只存储每位学生的基本信息，"成绩"表只存储每位学生的考试成绩，"课程"表只存储每门课程的信息。

（4）确定每个表所需的字段。确定在每个表中存储哪些信息后，应创建独立的字段，并作为列显示在表中，以方便随后生成报表。例如，"学生"表中包括"学号""姓名""性别""出生日期"等字段。在确定表中字段时，应遵循下列规律。

① 不要包含已计算的数据。在大多数情况下，不应在表中存储计算结果。当查看相应结果时，可以让 Access 执行计算。例如，如果需要在报表中显示每门课程考试不及格的学生的分类汇总名单，则可以在每次打印报表时计算相应的分类汇总，而分类汇总本身不应存储在表中。

② 将信息按照其最小的逻辑单元进行存储。如果将一种以上的信息存储在一个字段中，则要检索单个事实时就会很困难。这时可以将信息拆分为多个逻辑单元。例如，为"课程名"和"教师姓名"创建单独的字段。

（5）指定主键。每个表都应包含一个列或一组列，用于对存储在该表中的每条记录进行唯一标识，这通常是唯一的标识号。例如，"学生"表中的"学号"字段，在数据库术语中，该信息称为表的主键。Access 使用主键字段将多个表中的数据关联起来，从而将数据组合在一起。

（6）确定表之间的关系。由于每个表只有一个主题，所以可以确定各个表中的数据如何关联。根据需要可将字段添加到表中或创建新表，以便清楚地表达这些关系。表之间的关系有一对一关系、一对多关系和多对多关系。在关系数据库中最常用的是一对多关系。例如，"学生"表和"成绩"表具有一对多关系，每位学生有多门课程的成绩，而每个成绩仅对应一位学生。

（7）优化设计。分析设计中是否存在错误，创建表并添加示例数据，以确定是否可以从表中获得期望的结果，并根据需要对设计进行调整。

确定所需的表、字段和关系后，就可以创建表并使用示例数据来填充表，然后通过创建查询、添加新记录等操作来使用这些信息。这些操作可帮助用户发现潜在的问题。

例如，可能需要添加在设计阶段忘记插入的列，或者可能需要将一个表拆分为两个表以消除重复数据。

（8）设计窗体和报表，检查这些窗体和报表是否可以显示所期望的数据。查找到不必要的重复数据后对设计进行更改，以消除这种重复数据。

（9）应用数据规范化规则。应用数据规范化规则，以确定表的结构是否正确，并根据需要对表进行调整。

此外，根据需要确定是否向其他用户共享数据库、如何访问共享数据库，以及是否指定存取权限等。

任务 3.2　使用设计视图创建表

使用设计视图创建表之前，需要确定表所包含的字段名称、数据类型及字段属性等。

【任务】要使用"成绩管理"数据库对学生成绩进行管理，需要创建"学生"表，表 1-2 给出了"学生"表结构。

表 1-2　"学生"表结构

字段名称	数据类型	字段大小	字段属性
学号	短文本	8	必填字段
姓名	短文本	10	
性别	短文本	2	
出生日期	日期/时间		短日期
团员	是/否		是/否
身高	数字	单精度型	两位小数
专业	短文本	16	
家庭住址	短文本	30	
联系电话	短文本	30	
照片	OLE 对象		
奖惩情况	附件		

任务分析

创建"学生"表，可以使用设计视图，该表包含"学号""姓名"等 11 个字段，并设置了相应的数据类型、字段大小及字段属性等。在给字段命名时，名称要容易记忆、含义明确、不能重复，字段大小要适中，能存放最大的数据。

任务操作

（1）启动 Access 2016，打开"成绩管理"数据库。

（2）在"创建"选项卡"表格"选项组中单击"表设计"按钮，打开设计视图，如图1-17所示。

设计视图分为上、下两部分。上半部分从左到右依次为行选定器、"字段名称"列、"数据类型"列和"说明(可选)"列，分别用于选定行、指定字段名称、选择数据类型和输入必要的字段说明。下半部分是"字段属性"区域，用于设置字段属性。

（3）按照表1-2给出的表结构，单击第一行的"字段名称"列，输入第一个字段名称"学号"。单击"数据类型"列右侧下拉按钮，从下拉列表中选择数据类型，如图1-18所示，选择"短文本"。Access 2016 提供了短文本、长文本等13种数据类型。在"说明(可选)"列中可以给每个字段加上必要的说明信息。例如，"学号"字段的说明信息为"标识学生的唯一性"。说明信息不是必需的，但可以增强表结构的可读性。在"字段属性"区域中设置"字段大小"为"8"，如图1-19所示，并设置"必需"为"是"。

（4）重复上述操作，依次输入"学生"表的其他字段名称，并选择对应的数据类型，设置字段属性，设计好的"学生"表结构如图1-20所示。

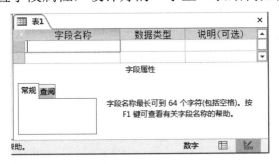

图1-17 设计视图

图1-18 定义字段数据类型

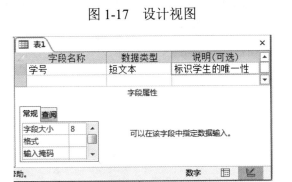

图1-19 设置字段属性

图1-20 "学生"表结构

（5）全部字段设置后，单击快速访问工具栏中的"保存"按钮，在弹出的"另存为"对话框中输入要保存的表名称——"学生"，单击"确定"按钮。

如果没有定义表的主键，则系统会给出提示信息，并建议定义主键，本表暂不定义主键。

至此，已经建立了"学生"表结构。目前该表中还没有输入数据，是一个空表。

相关知识

Access 2016 字段数据类型

数据类型定义的是一个值的集合及定义在该值的集合上的一组操作。表中每一个字段都有一种数据类型，不同字段的数据类型存放不同的值。例如，如果要存储商品名称和产地，则需要设定文本类型的字段；如果要存储商品数量，则需要设定数字类型的字段；如果要存储日期或时间数据，则需要设定日期/时间类型的字段。

Access 2016 中字段分为短文本、长文本、数字、大型页码、日期/时间、货币、自动编号、是/否、OLE 对象、超链接、附件、计算和查阅向导 13 种数据类型，如表 1-3 所示。

表 1-3　Access 2016 中字段的数据类型

数据类型	存　储	说　明
短文本	字母、数字字符	最多可存储 255 个字符
长文本	字母、数字字符	用于存储长度超过 255 个字符的文本字符，最多可存储 1GB 字符
数字	数值	1 字节（字节）、2 字节（整型）、4 字节（长整型）或 8 字节（双精度型、小数型），用于存储在计算中使用的数值，这些数值可以用来进行算术运算
大型页码	非货币数值	8 字节，表示的数值范围为 $-2^{63} \sim 2^{63}-1$，与 ODBC 中的 SQL BIGINT 数据类型兼容。该数据类型可高效计算大数，又被称为大数数据类型
日期/时间	日期和时间数据	8 字节，用于存储日期/时间值，存储的每个值都包括日期和时间两部分
货币	货币值	8 字节，可带格式，等价于双精度型
自动编号	自动标号增量	4 字节，用于为添加到表中的每条新记录自动填充一个编号，可作为主键的唯一值，该字段值既可以按顺序增加指定的增量，也可以随机选择
是/否	逻辑值	1 位，表示两种状态，选择其一。例如，"是/否""Yes/No"，即 -1 表示 True 值，0 表示 False 值
OLE 对象	OLE 对象或二进制数据	用于存储文本、图形、音频、视频等对象
附件	外部文件	可以将外部文件附加到字段中
计算	数值	在设计视图中添加，用于存储计算的结果。计算时必须引用同一个表中的其他字段
超链接	超链接数据	用来保存超链接
查阅向导	查阅向导	建立字段内容列表，在列表中选择所列内容作为添加字段内容

对于学号、电话号码、身份证号、邮政编码和其他不用于数学计算的数字，数据类型应该选择短文本，而不是数字。对于短文本和数字数据类型，可通过设置"字段大小"的值来更具体地指定字段大小。

数据类型提供了基本形式的数据验证，这是因为它们有助于确保用户在表字段中输入正确类型的数据。例如，不能在只接收数字的字段中输入文本。

🎒做一做

1．在"成绩管理"数据库中创建"课程"表结构，如表 1-4 所示。

表 1-4 "课程"表结构

字段名称	数据类型	字段大小
课程号	短文本	8
课程名	短文本	20
教师编号	短文本	4

2．在"成绩管理"数据库中创建"成绩"表结构，如表 1-5 所示。

表 1-5 "成绩"表结构

字段名	数据类型	字段大小	小数位数
学号	短文本	8	
课程号	短文本	8	
成绩	数字		2

任务 4 输入记录

数据通常保存在表中，要向表中输入记录，既可以通过数据表视图向表中输入，也可以通过建立表的方法输入，还可以通过窗体向表中输入记录。向表中输入记录前，应确定：

数据用途	这些数据用来做什么
筛选数据	准备好要输入表中的记录
数据表	选择或创建要输入数据的表
输入记录	向表中输入记录

下面介绍常用的向表中输入记录的方法。

【任务 1】为使用"成绩管理"数据库对学生信息进行管理，现有一批数据需要录入"学生"表中，输入该表中的记录如图 1-21 所示。

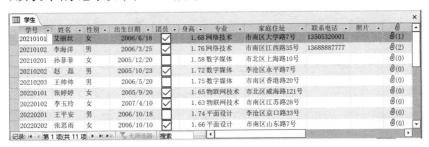

图 1-21 "学生"表记录

任务分析

建立"学生"表结构后，需要将记录输入"学生"表中，输入记录可以在数据表视图中输入。在输入记录时，要注意"日期/时间""是/否"等不同数据类型的输入方法。

任务操作

（1）打开"成绩管理"数据库，在窗口左侧"所有 Access 对象"导航窗格中，双击"学生"表，打开数据表视图。由于"学生"表中没有输入记录，因此这是一个空表，如图 1-22 所示。

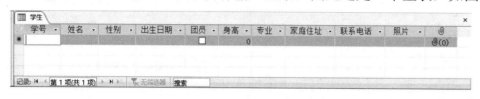

图 1-22 无记录的"学生"表

如果表已经在设计视图中打开，则单击"开始"选项卡"视图"选项组中的"数据表视图"按钮，即可切换到数据表视图。

（2）从第一个字段开始输入记录，如输入学号"20210101"，每输入一个字段的内容后，按【Enter】键、【→】键或【Tab】键将插入点移动到下一个字段处，输入下一个字段的内容。

"出生日期"字段为"日期/时间"类型，通常按年、月、日来输入，中间用"–"或"/"间隔；"团员"字段为"是/否"类型，单击该字段，出现"√"则表示逻辑值为真，空白则表示逻辑值为假；"照片"字段内容暂不输入。

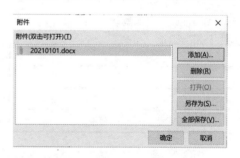

图 1-23 添加附件字段文件

"奖惩情况"字段为"附件"类型，在数据表视图中显示为 ⬚，该字段值显示为⬚(0)，括号中的"0"表示没有附加文件。双击该字段值，弹出如图 1-23 所示的对话框，单击"添加"按钮，添加该记录的附件字段文件，单击"确定"按钮，此时该字段值变为⬚(1)，还可以继续给该记录添加附件文件。

如果有"自动编号"字段，则系统自动给该字段赋值。

（3）如图 1-24 所示，输入一条记录后，可以输入下一条记录。

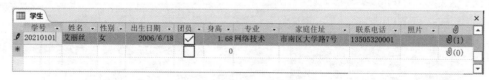

图 1-24 输入的第一条记录

在输入记录的过程中，如果输入的记录有错误，则可以随时修改。每输入一个字段的记录，系统都会自动检查输入的记录与该字段设置的有效性规则是否一致。"日期/时间"类型字段的记录应遵循设置"日期/时间"类型的格式。例如，日期中的月份值为 1～12。

（4）全部记录输入完毕，单击快速访问工具栏中的"保存"按钮，保存输入的记录。

【**任务 2**】将一张照片存储在"学生"表中的第一条记录的"照片"字段中。

任务分析

"学生"表中的"照片"字段为"OLE 对象"类型，因此不能直接输入记录。Access 为该字段提供了链接和嵌入技术。所谓链接，就是将"OLE 对象"的记录的位置链接到该字段，当对"OLE 对象"字段进行编辑或修改时，修改后的结果能够随时在 Access 数据库中反映出来。所谓嵌入，就是将"OLE 对象"的副本保存在表的"OLE 对象"字段中。如果"OLE 对象"被嵌入，则对记录中的"OLE 对象"的更改不会影响其原始"OLE 对象"的内容。

任务操作

（1）在如图 1-24 所示的"学生"数据表视图中，右击第一条记录的"照片"字段处，在弹出的快捷菜单中选择"插入对象"命令，弹出如图 1-25 所示的对话框。

如果选择对话框中的"新建"单选按钮，则在"对象类型"下拉列表中显示要创建 OLE 对象的应用程序。如果选择"由文件创建"单选按钮，则可以把已建立的文件插入"OLE 对象"字段中。

（2）单击"由文件创建"单选按钮，如图 1-26 所示，选择事先准备好的照片文件所在的路径，或者单击"浏览"按钮，在弹出的对话框中选择图片文件所在的文件夹。

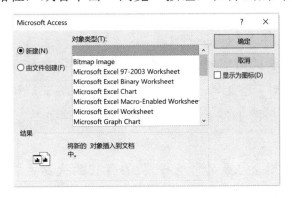

图 1-25 "Microsoft Access"对话框

图 1-26 选择"由文件创建"单选按钮

（3）单击"确定"按钮，将选择的对象插入"学生"表的第一条记录中，并在该字段中显示相关信息，这表示嵌入或链接信息的图标，如图 1-27 所示。

图 1-27 插入照片后的"学生"表记录

🎓 提示

在 Access 中，为"OLE 对象"字段绑定图片时，最好使用 BMP 位图格式，该格式的图片能够在窗体或报表中直接显示出来。例如，图 1-27 中的第一条记录中的图片为 BMP 格式，第二条记录中的图片为 JPG 格式。

如果要对插入的"OLE 对象"进行编辑，则可以双击该字段对象，打开相应的应用程序，对文件进行编辑。

在 Access 中编辑"OLE 对象"时，嵌入和链接两种方式的外观和行为都是一样的。但嵌入比链接在数据库中占用的存储空间更多。

相关知识

编辑记录

如果要编辑数据表中的记录，则可以在数据表视图中对记录进行编辑。

1. 修改记录

在数据表视图中打开表，单击要编辑的字段，在插入点处直接输入新的记录。在编辑记录的过程中，若要删除插入点前后的文本，则可以使用退格键（【Backspace】键）和删除键（【Del】键）。

2. 删除记录

如果不再需要表中的某条记录，则可以从表中快速删除一条或多条记录。删除记录的方法有很多，常用的方法如下。

图 1-28　确认删除记录提示对话框

① 在数据表视图中打开表，单击要删除的记录所在的行，在"开始"选项卡"记录"选项组中，单击"删除"按钮，弹出如图 1-28 所示的提示对话框，单击"是"按钮，确认删除记录。

② 右击要删除记录的行选择器，在弹出的快捷菜单中选择"删除记录"命令。

在删除记录过程中，可以一次删除多条相邻的记录。在执行删除操作之前，通过行选择器选择要删除的第一条记录，按住【Shift】键不放，单击要删除的最后一条记录，这之间的记录全部被选中，然后单击"记录"选项组中的"删除"按钮，根据提示信息将选中的全部记录一次性删除。

由于表中的记录删除后无法恢复，因此在删除记录之前应仔细确认记录是否要被删除。

做一做

1．在"课程"表中输入如图 1-29 所示的记录。

2．将"学生"表中的专业"网络技术基础"更改为"网络技术应用"。

3．分别在"学生"表前 5 条记录的"照片"字段中插入图片。

4．在"成绩"表中输入记录，如图 1-30 所示。

课程			成绩		
课程号	课程名	教师编号	学号	课程号	成绩
DY01	中国特色社会主义	D001	20210101	DY03	87
DY02	心理健康与职业生涯	D001	20210101	JS01	85
DY03	哲学与人生	D002	20210101	JS02	85
DY04	职业道德与法治	D002	20210101	JS03	85
EY01	英语（一）	E001	20210101	JS05	92
EY02	专业英语	E002	20210102	DY03	50
JC01	信息技术	J001	20210102	JS01	90
JS01	网络技术基础	Z001	20210102	JS02	90
JS02	网页设计	Z004	20210102	JS03	90
JS03	二维动画	Z002	20210102	JS05	78
JS04	影视制作	Z003	20210201	DY03	90
JS05	Access数据库基础	Z002	20210201	JS04	70
JS06	PhotoShop	Z003	20210201	JS06	80
SX01	数学（一）	S001	20210202	DY03	65
SX02	数学（二）	S003	20210202	JS04	85
SX03	概率基础	S002	20210202	JS06	78
YW01	语文（一）	Y001	20210203	DY03	80
YW02	语文（二）	Y002	20210203	JS04	90
YW03	语文（三）	Y003	20210203	JS06	92

图 1-29　"课程"表记录　　　　　图 1-30　"成绩"表记录

任务 5　修改表结构

在使用和维护数据库的过程中，有时需要对表的结构进行编辑或修改。表结构的修改在设计视图的上半部分进行，主要修改字段的名称、字段数据类型，还可在表中添加字段、删除字段、移动字段的位置等。修改表结构之前，应确定：

修改目的	为什么要修改表结构
数据保存	修改前是否需要对表进行备份
修改字段	修改或增减的字段名
表的关联	其他表是否引用要修改的字段及数据

【任务】按下列要求修改"教师"表的结构。

（1）删除表中的"ID"字段。

（2）将"编号"字段名更改为"教师编号"。

（3）将"教师编号""姓名""任教课程"的"字段大小"分别设置为 6、12、30 字节。

任务分析

该任务是对表的结构进行修改，包括删除字段、更改字段名、修改字段的属性等操作，这些操作通常要在表的设计视图中进行。

任务操作

（1）打开"成绩管理"数据库，在 Access 窗口左侧窗格中双击"教师"表，打开"教师"表。

（2）单击"视图"选项组中的"视图"下拉按钮，在下拉列表中选择"设计视图"，将表切换到设计视图，如图 1-31 所示，右击"ID"字段行，从弹出的快捷菜单中选择"删除行"命令，根据提示信息，确认删除该字段。

图 1-31 "教师"表设计视图

（3）在"字段名称"列中，将"编号"字段名修改为"教师编号"；在"字段属性"区域中将该字段的"字段大小"由默认的"255"修改为"6"。

（4）用同样的方法，修改"姓名""任教课程"的"字段大小"分别为"12""30"，如图 1-32 所示。

图 1-32 修改字段大小

（5）保存该表，完成该任务的操作。

相关知识

修改表结构

1. 插入字段

在表中插入字段，可以分别在数据表视图和设计视图中进行操作。

（1）在数据表视图中插入字段时，打开要插入字段的表，右击要插入字段的列，在弹出的快捷菜单中选择"插入字段"命令，插入字段默认的字段名为"字段1"，原有右侧的字段将向右移动。

（2）在设计视图中插入字段时，打开要插入字段的表的设计视图，单击要插入字段的位置，在"表设计"选项卡"工具"选项组中，单击"插入行"按钮，插入一个空白字段，输入字段名，并设置字段类型、大小等属性。

在设计视图中，右击一个字段名称，在弹出的快捷菜单中选择"插入行"命令，即可插入一个字段。插入的新字段不会影响其他字段和表中原有的数据。

2. 移动字段

表中记录字段的排列顺序与创建表时字段输入的顺序是一致的，并决定了在表中显示的顺序，如果要重新排列字段的先后顺序，则在设计视图中单击要移动的字段前的行选择器，选择该行，并按住鼠标左键，将该字段上下拖放到新的位置即可。

如果要在数据表视图中改变字段的显示顺序，则单击字段的标题，向左或向右拖动字段标题行到一个新的位置即可。

3. 删除字段

删除字段会造成数据的丢失。删除字段后，保存在该字段中的数据会被永久地从表中删除，所以建议在删除字段前对表进行备份。

在数据表视图中可以使用下列方法删除字段。

① 右击一个列或列的标题，在弹出的快捷菜单中选择"删除字段"命令。

② 单击列标题，选择整个列，按【Del】键。

在设计视图中可以使用下列方法删除字段。

① 在"设计"选项卡"工具"选项组中，单击"删除行"按钮。

② 右击一个字段名称，在弹出的快捷菜单中选择"删除行"命令。

③ 单击行选择器，按【Del】键。

如果删除的字段中包含数据，则系统会弹出警告信息，以提示用户删除操作将使表中该字段的数据丢失。如果删除的字段是空字段，则系统不会弹出警告信息。

如果表的关系或关联对象（如窗体、报表、查询、组件或宏等）中用到被删除的字段，则必须针对被删除的字段调整关系或关联对象。如果这些关联对象取决于被删除的字段，并且这些关联对象不能再定位到这个字段，则会产生错误信息。例如，如果一个窗体中含有"成绩"字段控件，当删除表中"成绩"字段时，将在窗体中产生错误信息，并弹出找不到该字段的警告信息。

做一做

1. 在"学生"表中添加"入学成绩"字段，该字段为"数字"类型。

2. 在设计视图中修改"课程"表结构，其表结构如表 1-6 所示。

表 1-6　"课程"表结构

字段名	数据类型	字段大小
课程号	短文本	4

续表

课程名	短文本	30
教师编号	短文本	4

3．在"教师"表中添加"业绩"字段，并设置为"附件"类型，以便在该字段中插入说明该教师取得工作业绩的资料，如电子文档、演示文稿、电子表格、图片、音/视频文件等。

习题 1

一、填空题

1．常见的数据模型有_____、_____和_____三种类型。

2．Access 2016 数据库是_____数据库。

3．将关系中某些记录按一定的规则筛选出来的关系操作是_____操作。

4．Access 2016 数据库对象有_____、_____、_____、_____、_____、_____及模块等。

5．表是由一些行和列组成的，表中的一行称为记录，表中的一列称为一个_____。

6．Access 2016 数据库文件的扩展名是_____。

7．Access 2016 提供的数据类型有_____、_____、_____、_____、_____、_____、_____、_____、超链接、附件、计算和查阅向导等。

8．表的字段值不需要用户输入，系统自动给它一个值，该字段常用来设置主键，则该字段为_____类型。

9．如果在表中需要建立算术运算类型的字段，其数据类型应当为_____。

10．如果要将某个字段值存放在一个超链接地址中，则该字段属性应设置的类型为_____。

二、选择题

1．下列不是数据库特性的是（　　）。

　　A．数据独立性　　　　　　　　　　B．最低的冗余度

　　C．逻辑性　　　　　　　　　　　　D．数据完整性

2．如果在创建表时建立"工作时间"字段，则其数据类型应当是（　　）。

　　A．文本类型　　　　B．数字类型　　　C．日期/时间类型　　D．备注类型

3．Access 2016 中数据库和表的关系是（　　）。

　　A．一个数据库可以包含多个表　　　　B．一个表可以单独存在

　　C．一个表可以包含多个数据库　　　　D．一个数据库只能包含一个表

4．在 Access 2016 表中，只能从两种结果中选择其一的字段类型是（　　）。

　　A．是/否类型　　　　B．数字类型　　　C．文本类型　　　　D．OLE 对象类型

5．短文本数据类型的默认大小为（　　）。

　　A．64 个字符　　　　B．127 个字符　　　C．255 个字符　　　D．65 535 个字符

6．在 Access 2016 数据库中，（　　　）是其他数据库对象的基础。

    A．报表　　　　　　　　B．查询　　　　　　　　C．表　　　　　　　　D．模块

7．在 Access 2016 数据库中，空数据库是指（　　　）。

    A．没有基本表的数据库　　　　　　　　B．没有窗体、报表的数据库

    C．没有任何数据库对象的数据库　　　　D．数据库中数据是空的

8．货币类型是（　　　）数据类型的特殊类型。

    A．数字　　　　　　　　B．文本　　　　　　　　C．备注　　　　　　　　D．自动编号

9．每个表可包含自动编号字段的个数为（　　　）。

    A．1 个　　　　　　　　B．2 个　　　　　　　　C．4 个　　　　　　　　D．8 个

10．在数据表设计视图中，不能进行的操作是（　　　）。

    A．修改字段的类型　　　　　　　　B．修改字段的名称

    C．删除一个字段　　　　　　　　　D．删除一条记录

11．如果要在表中存放图片数据，合适的数据类型是（　　　）。

    A．文本类型　　　　　　B．货币类型　　　　　　C．OLE 类型　　　　　　D．自动编号类型

12．数据类型为 1 个二进制位的类型是（　　　）。

    A．文本类型　　　　　　B．货币类型　　　　　　C．是/否类型　　　　　　D．自动编号类型

13．一个关系对应一个（　　　）。

    A．二维表　　　　　　　B．关键字　　　　　　　C．记录　　　　　　　　D．属性

14．如果在表中存放 Word 文档的字段，其数据类型应当为（　　　）。

    A．文本类型　　　　　　B．附件类型　　　　　　C．是/否类型　　　　　　D．大型页码类型

15．在关系数据库中，二维表中的一行被称为（　　　）。

    A．字段　　　　　　　　B．数据　　　　　　　　C．记录　　　　　　　　D．数据视图

16．下列关于数据库特点的叙述中，不正确的是（　　　）。

    A．数据库减少了数据的冗余　　　　　　B．数据库中的数据独立性强

    C．数据库中的数据类型一致　　　　　　D．数据库中的数据可以统一管理和控制

17．下列关于数据库设计的叙述中，不正确的是（　　　）。

    A．在设计时应将有联系的实体设计为一个表

    B．在设计时应避免在表之间出现重复的字段

    C．表中的字段必须是原始数据和基本数据元素

    D．使用外部关键字来保证有关联表之间的联系

18．在一个关系中要找出某些字段组成新关系，应使用的操作是（　　　）。

    A．连接　　　　　　　　B．选择　　　　　　　　C．查询　　　　　　　　D．投影

19．关系数据库管理系统中所谓的关系指的是（　　　）。

    A．各元组之间有一定的关系　　　　　　B．各字段之间有一定的关系

C．数据库之间有一定的关系　　　　D．符合满足一定条件的二维表格

20．在面向对象的描述中，具有相似属性与操作的一组对象称为（　　　）。

A．属性　　　　　B．事件　　　　　C．方法　　　　　D．类

三、操作题

1．开发一个学校教材订购管理系统，创建一个空白数据库"教材订购"。

2．在"教材订购"数据库中创建"教材"表，其表结构如表 1-7 所示。

表 1-7　"教材"表结构

字段名称	数据类型	字段大小	小数位数
教材 ID	短文本	8	
书名	短文本	30	
作译者	短文本	20	
定价	货币		2
出版社 ID	短文本	2	
出版日期	日期/时间		
版次	短文本	4	
封面	OLE 对象		
内容简介	长文本		

3．在"教材订购"数据库中创建"订单"表，其表结构如表 1-8 所示。

表 1-8　"订单"表结构

字段名称	数据类型	字段大小/格式
订单 ID	短文本	8
单位	短文本	20
教材 ID	短文本	8
册数	数字	整型
订购日期	日期/时间	短日期
发货日期	日期/时间	短日期
联系人	短文本	8
电话	短文本	20

4．在"教材订购"数据库中通过直接输入记录创建"出版社"表，如图 1-33 所示。

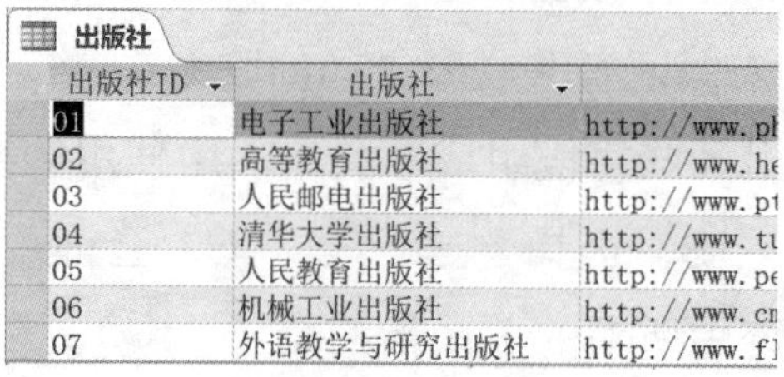

图 1-33　"出版社"表

5. 在"教材订购"数据库"教材"表中输入记录，如图1-34所示。

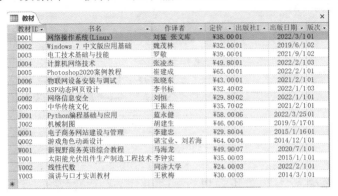

图1-34 "教材"表

6. 在"教材订购"数据库"订单"表中输入记录，如图1-35所示。

图1-35 "订单"表

项目 2 表的基本操作

表是 Access 数据库最基本的对象，以行和列的形式记录数据。对表的基本操作除了前面讲的表的建立、输入与编辑记录，还包括设置字段属性、记录排序、筛选记录、建立表间关系等操作。

项目要求

在数据库应用过程中，经常要对表的字段属性、表间关系等进行设置。例如，对"成绩管理"数据库中的"学生"表进行字段属性设置，包括设置字段格式、字段验证规则、输入掩码、主键等；对表中的记录进行排序、筛选满足条件的记录；对表建立索引，满足快速查询的需求；对"学生"表、"成绩"表、"课程"表、"教师"表等建立表之间的关联，将各个表关联成为数据库中的一个整体。本项目包含下列任务。

（1）设置"学生"表的字段格式、字段验证规则、输入掩码、主键等。

（2）根据要求对表中的记录进行排序。

（3）根据要求对表中的记录进行条件筛选。

（4）根据要求对表创建索引。

（5）将"成绩管理"数据库中的多个表联接起来。

任务 1 设置字段属性

字段属性包括字段大小、格式、标题、默认值、输入掩码等，字段不同的数据类型有不同的属性。如果要设置字段属性，在表的设计视图的"字段属性"区域中对各个属性进行设置。设置字段属性前，应确定：

设置目的	为什么要设置字段属性
明确字段	哪些字段要设置属性
字段属性值	设置字段的哪些属性值
字段值的变化	修改字段属性后，原有的字段值是否有影响

任务 1.1　设置字段格式

【任务】将"成绩管理"数据库"学生"表中学生的"身高"字段设置为"数字"类型中的"单精度型"、2 位小数的格式；将"出生日期"字段设置为"日期/时间"类型中的"短日期"的格式。

任务分析

表中的"数字""日期/时间""是/否"等类型有多种格式供用户选择，每种格式存储所占用的字节数不一样，数据显示的方式也不一样。

任务操作

（1）打开"成绩管理"数据库"学生"表，切换到设计视图。

（2）单击"身高"字段，在该字段"字段属性"区域中的"常规"选项卡中，单击"字段大小"右侧下拉按钮，从下拉列表中选择"单精度型"，如图 2-1 所示。

（3）在"小数位数"右侧文本框中输入"2"。

（4）单击"出生日期"字段，在该字段"字段属性"区域中的"常规"选项卡中，单击"格式"右侧下拉按钮，从下拉列表中选择"短日期"，如图 2-2 所示。

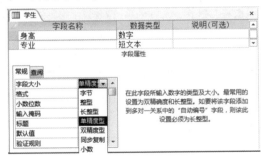

图 2-1　设置字段大小

图 2-2　设置格式

（5）保存该表，切换到数据表视图，查看上述两个字段的显示结果。

相关知识

字段属性设置

1. 字段属性

在设计视图的"字段属性"区域中可设置的属性因字段数据类型的不同而不同。"字段属性"区域包含"常规"和"查阅"两个选项卡，在"常规"选项卡中可以通过在文本框中输入参数、在下拉列表中选择选项来设置字段属性，表 2-1 给出了"常规"选项卡中的部分属性。在"查阅"选项卡中可以为视图上的查阅字段设置控件类型，如列表框、组合框等。

表2-1 "常规"选项卡中的部分属性

字段属性	含 义
字段大小	设置存储为"短文本"、"数字"或"自动编号"类型的数据最大值
格式	自定义显示或打印时字段的显示方式
小数位数	指定显示数字时使用的小数位数，但对计算时的精度没有影响
输入掩码	定义字段数据输入格式
标题	设置默认情况下在表单、报表和查询的标签中显示的文本
默认值	添加新记录时为字段自动指定默认值
验证规则	提供在此字段中添加或更改值时必须为真的表达式
验证文本	当输入值与有效性规则表达式冲突时显示的文本
必需	要求在字段中输入数据
允许空字符串	允许在"短文本""长文本"等字段中输入零长度字符串
索引	通过创建和使用索引来加速对此字段中数据的访问
Unicode 压缩	Unicode 压缩是指在使用拉丁语系语言时，用 8 位来表示，以节省存储空间
输入法模式	该字段该设置要启用的输入模式
输入法语句模式	为该字段设置默认的输入法语句模式"正常""讲述""转化"等
仅追加	启用文本格式，默认为"否"，否则，只要将光标置于该字段中，或者置于绑定到该字段的任何窗体或报表控件中，Access 都会隐藏字段中的文本
文本格式	按"纯文本"或"格式文本"存储文本
文本对齐	指定控件中文本的对齐方式
新值	设置"自动编号"字段值是"递增"还是"随机"

2. 设置字段大小

"字段大小"属性为"短文本"、"数字"或"自动编号"类型的字段设置最大数据值。例如，对于一个"短文本"类型字段，该字段大小的取值范围为 0～255 个字符，默认值为 255 个字符。对于一个"数字"类型字段，可以从如图 2-1 所示的下拉列表中选择一种类型来存储该字段数据，表2-2 给出了"数字"类型字段大小及说明。

表2-2 "数字"类型字段大小及说明

字段大小	数据范围	小 数	字 节
字节	0～255	无	1
整型	-2^{15}～$2^{15}-1$	无	2
长整型	-2^{31}～$2^{31}-1$	无	4
单精度型	-3.4×10^{38}～3.4×10^{38}	7 位	5
双精度型	-1.797×10^{308}～1.797×10^{308}	15 位	8
小数	-10^{28}～$10^{28}-1$	28 位	12

在创建表时，应尽量使用最小的"字段大小"属性设置，因为较小的数据处理速度快，且占用内存少。

如果"文本"类型字段中已经输入数据，那么缩小该字段的大小可能会造成数据丢失，此时系统将自动截取超出部分的字符。如果在"数字"类型字段中包含小数，那么将"字段大小"设置为整型时，系统将自动对小数进行四舍五入。

"数字"类型或"货币"类型数据可以设置小数位数，该设置只影响在数据表视图中显示的小数位数，而不影响实际保存的小数位数。如果设置小数位数为"自动"，则小数位数由"格式"属性来确定。

3. 设置字段格式

字段的"格式"属性决定了数据的显示方式。例如，对于"数字"类型字段，系统提供了"常规数字""货币""标准""百分比""科学记数"等格式，如图 2-3 所示；对于"日期/时间"类型字段，系统提供了"常规日期""长日期""中日期""短日期""长时间"等格式，如图 2-4 所示；对于"是/否"类型字段，系统提供了"真/假""是/否""开/关"3 种格式。

图 2-3	图 2-4
图 2-3 "数字"类型字段格式	图 2-4 "日期/时间"类型字段格式

数据的不同格式只是在输入和输出的形式上表现不同，而内部存储的数据是不变的。统一数据格式可以使显示的数据整齐、美观。

4. 设置字段标题

通过给字段名设置一个用户比较熟悉的标题，可以标识数据表视图中的字段，也可以标识窗体或报表中的字段。例如，可以将"学生"表中的"专业"字段名设置标题为"专业名称"，当"学生"表视图中显示记录时，"专业"字段名列的表头显示为"专业名称"。如果将英文字段标题指定为中文标题，则查看更为方便。

字段名和字段标题可以是不相同的，但内部引用的仍是字段名。如果未指定标题，则标题默认为字段名。

任务 1.2　设置字段验证规则

设置字段验证规则，在该字段输入记录时，系统自动对该字段输入的值进行检验。当输入的值不符合字段定义的验证规则时，系统将给出提示信息。

【任务】为确保学生信息的正确性，将"学生"表中"身高"的字段值设定为 1.3～2.5m，当超出这个范围时，系统给出"身高必须在 1.30m 到 2.50m 之间"的提示信息。

任务分析

设置字段验证规则后，在表中输入数据时，系统自动检查输入该字段的数据是否符合验证规则，如果不符合验证规则，则系统会给出提示信息，这样就能确保输入数据的正确性。验证规则为条件表达式，设置"身高"字段的验证规则为">=1.3 And <=2.5"。

任务操作

（1）在"学生"表的设计视图中，单击"身高"字段，在"字段属性"区域中显示该字段的属性设置。

常规	查阅
字段大小	单精度型
格式	
小数位数	2
输入掩码	
标题	
默认值	0
验证规则	>=1.3 And <=2.5
验证文本	身高必须在1.30m到2.50m之间
必需	否
索引	无
文本对齐	常规

图 2-5　设置字段验证规则

（2）在"验证规则"文本框中输入条件表达式">=1.3 And <=2.5"；或者单击"生成器"按钮，弹出"表达式生成器"对话框，在其中输入条件表达式">=1.3 And <=2.5"。

（3）在"验证文本"文本框中输入提示信息。例如，输入"身高必须在 1.30m 到 2.50m 之间"，如图 2-5 所示。

（4）单击快速访问工具栏中的"保存"按钮，保存所做的修改。

将"学生"表切换到数据表视图，在"身高"字段中输入记录，查看该字段定义的验证规则是否有效。

条件表达式">=1.3 And <=2.5"中的 And 为逻辑（布尔）运算符。常见的逻辑运算符有 And、Or、Not 等，分别表示逻辑与、逻辑或、逻辑非。

下面列出了一些常用验证规则的表示方法。

① 表示"成绩"为 0～120 的表达式为">=0 And <=120"或"Between 0 And 120"。

② 表示"成绩"大于 80 的表达式为">80"。

③ 表示"职称"是"工程师"或"教授"的表达式为"职称 In ("工程师", "教授")"。

④ 表示"出生日期"在 2000 年 10 月 1 日以后的表达式为">= #2000-10-1#"。

⑤ 表示"出生日期"在 1995 年 10 月 1 日至 2000 年 12 月 31 日的表达式为">= #1995-10-1# And <= #2000-12-31#"或"Between >= #1995-10-1# And <= #2000-12-31#"。

⑥ 在"团员"为"是/否"类型字段中，表示"真"值的表达式为"Yes"或"True"。

相关知识

设置字段默认值和必需项

1. 设置字段默认值

在一个表中，如果有些字段中的记录内容完全相同或大部分相同，则可以为该字段设置"默认值"属性。设置字段的"默认值"属性后，当添加记录时，系统自动把这个默认值显示在该字段中，从而避免多次输入相同的内容，提高工作效率。对于设置"默认值"的字段，仍可以输入其他的记录来取代默认值。例如，将"学生"表中的"性别"字段的默认值设置为"男"，如图 2-6 所示，当输入新的记录时，系统自动将"性别"字段设置为"男"，从而可以减少该字段值的输入量。

在"默认值"文本框中输入文本时，可以不加引号，系统自动为文本添加双引号。

2. 设置字段必需项

"必需"属性用于指定字段中是否必须有值，如果将某个字段的"必需"属性设置为"是"，则在输入记录时必须在该字段中输入数值，而且不能为 Null。例如，在"学生"表中，为了确保表中的每一条记录都有一个对应的学号，应将"学号"字段的"必需"属性设置为"是"，如图 2-7 所示。如果将字段的"必需"属性设置为"否"，则在输入记录时并不一定要在该字段中输入记录。一般情况下，新创建的表的"必需"属性默认设置为"否"。

图 2-6 设置字段默认值

图 2-7 设置字段必需项

3. 空值和 Null 值

在 Access 数据库中，空值表示该字段值未知。空值不同于空白或零值。空字符串和 Null 值是两种可以区分的空值。因为在某些情况下，字段为空白可能是因为信息目前无法获得，或者字段不适用于某一特定的记录。例如，表中有一个用户的"电话号码"字段，将其保留为空白的原因可能是不知道用户的电话号码，或者该用户没有电话号码。在这种情况下，使字段保留为空白或输入 Null 值，意味着"不知道"。如果是双引号内为空字符串，则意味着"知道没有值"。采用字段的"必需"和"允许空字符串"属性的不同设置组合，可以控制空白字段的处理。"允许空字符串"属性只能用于"短文本""长文本""超链接"类型字段。当"允许空字符串"属性设置为"是"时，Access 将区分两种不同的空值：Null 值和空字符串。如果允许字段为空白而且不需要确定是否为空白，则可将"必需"和"允许空字符串"属性设置为"否"，以作为"短文本""长文本""超链接"类型字段的默认设置。

任务 1.3　设置输入掩码

如果要对某个字段按指定的格式输入数据，则可以对该字段设置输入掩码。字段的"输入掩码"属性用于控制在一个字段中输入记录的格式及允许输入的记录，以确保输入记录的准确性。例如，通过自定义输入掩码，可以控制用户在文本框或表字段中只能输入字母或只能输入数字，还可以控制输入字母或数字的位数。

【任务】对"学生"表中的"出生日期"字段值按"××××年××月××日"格式输入。

任务分析

默认的"日期/时间"类型字段的输入格式为"××××/××/××"，要使该字段按"××××年××月××日"格式输入数值，需要给该字段设置"输入掩码"属性。通过设置"输入掩码"属性可以使用原义字符来控制字段或控件的记录输入。对于"文本"类型字段和"日期/时间"类型字段，系统提供了输入掩码向导，以帮助用户正确设置输入掩码。

任务操作

（1）在"学生"表的设计视图中，单击"出生日期"字段。

（2）单击"常规"选项卡"输入掩码"右侧的"生成器"按钮🔲，弹出"输入掩码向导"对话框，如图 2-8 所示，"输入掩码"选择"长日期(中文)"。

（3）单击"下一步"按钮，弹出如图 2-9 所示的对话框，确定是否更改输入掩码，可以设置"占位符"（如设置为"_"），可以在"尝试"文本框中查看定义的输入掩码效果。

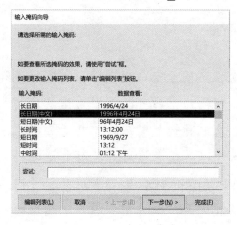

图 2-8　"输入掩码向导"对话框　　　　图 2-9　确定是否更改输入掩码

（4）单击"下一步"按钮，按输入掩码向导设置所需的信息，设置完成后，单击"完成"按钮，保存定义的输入掩码。

此时，在表的设计视图"输入掩码"文本框中可以看到使用输入掩码向导定义的输入掩码，如图 2-10 所示。定义输入掩码后，在数据表视图中输入记录时可显示输入掩码的格式。

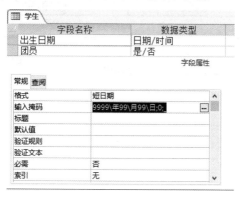

图 2-10　设置后的输入掩码格式

将"学生"表切换到数据表视图，在表中输入记录时，可以观察到"出生日期"字段的输入格式为"××××年××月××日"，如图 2-11 所示。

图 2-11　设置"输入掩码"后的字段输入格式

对于同一条记录，如果既定义了"格式"属性，又定义了"输入掩码"属性，则"格式"属性的优先级高于"输入掩码"属性的优先级，这时"输入掩码"属性会被忽视。

相关知识

输入掩码

给字段设置"输入掩码"属性，可以保证在该字段输入的记录的格式的正确性，以避免输入记录时出现错误。"输入掩码"属性与"格式"属性类似，但"格式"属性只能改变记录显示的方式，而"输入掩码"属性定义了记录的输入模式。在设置"输入掩码"属性时，可以使用特殊字符来要求某些必须输入的记录。例如，电话号码的区号与电话号码之间用括号或连接号分隔等。

"输入掩码"属性主要用于"文本"类型字段和"日期/时间"类型字段，但也可以用于"数字"类型字段和"货币"类型字段。例如，设置"出生日期"字段的输入掩码为"×

×××年××月××日"。其中，每个"×"称为占位符。占位符必须使用特殊字符（如0、#、a等），它只是在形式上占据一个位置，表示可以接收一位字符，而其中的"年""月""日"则为原义显示字符，表2-3给出了定义"输入掩码"属性所用的占位符及其含义。

表2-3 定义"输入掩码"属性所用的占位符及其含义

占 位 符	含 义
0	必须输入一个数字，不允许输入加号、减号
9	可以输入一个数字或空格，不允许输入加号、减号
#	可以输入一个数字或空格，允许输入加号和减号
L	必须输入一个字母（A~Z）
?	可以输入一个字母（A~Z）
A	必须输入一个字母或数字
a	可以输入一个字母或数字
&	必须输入一个字符或空格
C	可以输入任意字符或空格
>	将其后所有的字符转换为大写
<	将其后所有的字符转换为小写
!	使输入掩码从右到左显示
\	使后面的字符以原义字符显示。例如，\A 显示为 A
" "	显示双引号中的字符
.,;;—/	小数点占位符及千位、日期与时间分隔符

当了解了这些占位符的功能后，就可以根据需要设置自定义输入格式，表 2-4 给出了部分输入掩码及示例数据。

表2-4 部分输入掩码及示例数据

输入掩码	示例数据
(000) 000-0000	(206) 555-0248
(999) 999-9999!	(206) 555-0248 或 ( ) 555-0248
(000) AAA-AAAA	(206) 555-0248
#999	−20 或 2000
>L????L?000L0	GREENGR339M3 或 MAY R 452B7
>L0L 0L0	T2F 8M4
00000-9999	98115- 或 98115-3007
>L<?????????????	Maria 或 Brendan
SSN 000-00-0000	SSN 555-55-5555
>LL00000-0000	DB51392-0493
\AAA	AAA
密码	将"输入掩码"属性设置为"密码"，以创建密码项文本框。在文本框中输入的任何字符都按照字面字符保存，但显示为星号（*）

![做一做图标]做一做

1．将"学生"表中的"出生日期"字段属性分别设置为"常规日期""长日期""中日期""短日期""长时间"等，切换到数据表视图，当输入该字段值时，观察输入格式的变化。

2．将"学生"表中的"性别"字段的默认值设置为"男"。

3．设置字段验证规则，在"成绩"表中的"成绩"字段中，成绩的值不能为负数，否则系统给出提示信息。

4．将"学生"表中的"学号"字段的"输入掩码"属性设置为只能输入 8 位数字。

任务 2　设置主键

主键是表中一个字段或几个字段的组合，在表中定义主键能唯一标识表中的记录，主键又称主关键字。当输入记录或对记录进行修改时，应确保表中不会有主关键字段值重复的记录。因此，一个好的主键应该有以下特征：第一，它唯一标识每一行；第二，它不能为空值或 Null 值，即它始终包含一个值；第三，它的值几乎不变。设置主键前，应确定：

确定重复记录	表中是否有重复的记录
是否设置主键	记录是否需要设置主键字段
选择主键字段	哪些字段适合作为主键来设置

在 Access 中可以设置单字段主键和复合主键。

任务 2.1　设置单字段主键

每个表都应具有一个主键，即针对每条记录具有一个唯一值的字段或字段组合。在数据库管理领域，该字段称为"实体完整性"。

【任务】将"学号"字段设置为主键，以确保"学生"表中没有重复的学生学号。

任务分析

如果能够用一个字段唯一标识表中的每条记录，那么该字段可以设置为主键。在"学生"表中，由于每位学生的"学号"是唯一的，所以可以将"学号"字段设置为主键，而不能定义"姓名""地址"等字段为主键，因为有可能出现姓名相同或地址相同的记录。

任务操作

（1）打开"学生"表，在设计视图中单击"学号"字段，单击"设计"选项卡"工具"选项组中的"主键"按钮，或者右击该字段，从弹出的快捷菜单中选择"主键"命令，这时在"学号"字段的行选择器上显示主键标记▇，如图 2-12 所示。

图 2-12　设置"学号"字段为主键

（2）单击快速访问工具栏中的"保存"按钮，保存所做的修改。

这样就将"学生"表中的"学号"字段设置为主键，但不能将"成绩"表中的"学号"作为主键，因为在"成绩"表中，每个学生有多门课程成绩，相同的学号可能要出现多次。"成绩"表中的"学号"字段被称为外键，外键就是另一个表的主键。

提示

如果不能确定表中的字段能否作为主键，则可以插入一个"自动编号"类型的字段，并将它设置为主键。"自动编号"类型的字段具有"新值"属性，它包含"递增"和"随机"两个选项，默认设置是"递增"。如果选择"递增"选项，则在增加记录时，该字段的序号自动加 1；如果选择"随机"选项，则在增加记录时，该字段序号为随机数。这些序号不会重复，能够唯一标识表中的每条记录，因此可以将"自动编号"类型的字段设置为主键。

任务 2.2　设置复合主键

如果表中没有一个字段能作为主键，这时可以将某些字段进行组合后作为主键，此类主键通常称为复合主键。复合主键常用于单个字段无法唯一标识表中的记录，需要将两个或多个字段组合在一起作为主键来唯一标识每条记录。

【任务】在"成绩"表中为确保每位学生的同一门课程成绩不出现两次或多次，需要将"学号"字段和"课程号"字段组合设置为"成绩"表的复合主键。

任务分析

在"成绩"表中，由于"学号"或"课程号"字段都不能唯一标识每条记录，需要将这两个字段组合在一起才可以唯一标识每条记录，因此可同时将这两个字段组合设置为复合主键。

任务操作

（1）在"成绩"表设计视图中，按住【Ctrl】键，依次单击"学号"和"课程号"字段的行选择器，选择这两个字段，单击"设计"选项卡"工具"选项组中的"主键"按钮，这时在"学号"和"课程号"字段的行选择器上添加了主键标记，如图 2-13 所示。

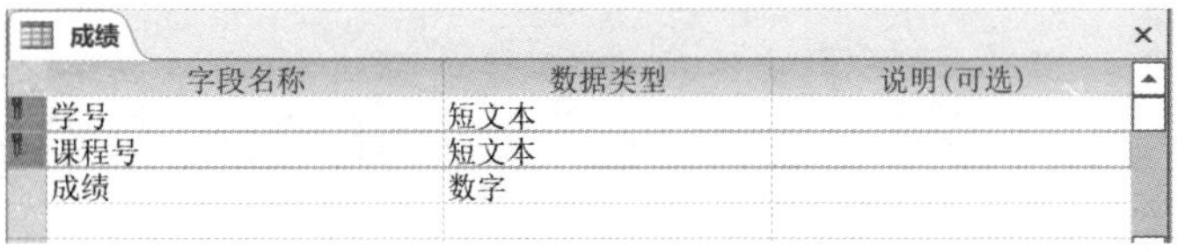

图 2-13　设置"学号"和"课程号"字段为复合主键

（2）单击快速访问工具栏中的"保存"按钮，保存所做的修改。

如果表中的某个字段不适合作为主键，或者临时需要取消主键的设置，则可以将主键从表中删除。具体方法是选择主键字段所在的行，单击"设计"选项卡"工具"选项组中的"主键"按钮，这时表中行选择器上的主键标记消失，表示已取消主键的设置。

提示

表中的主键与其他表建立关系后，不要随意撤销或删除主键。如果有必要删除，则通常先删除主键与其他表的关系，再删除主键。

想一想

如果一个表中的单个字段或多个字段的组合都不能设置为主键，则应该添加什么类型的字段作为主键？

相关知识

主键与外键

主键是能够唯一标识表中每条记录的一个字段或多个字段的组合，它不能为空值，且主键的键值必须是始终唯一的。例如，"学生"表中的"学号"字段、"课程"表中的"课程号"字段都可以设置为主键。如果表中的现有属性都不是唯一的，则需要创建作为标识的键（通常是数字值），并把该键设置为主键。

外键是指存在于子表中，用来与相应的主表建立关系的键。通过主表能够在子表中搜索相关实例的外键，找到所有有关的子表。子表中的外键通常是主表的主键。一个表的主键是唯一的，但外键可以有多个。例如，"学号"字段在"学生"表中是主键，在"成绩"表中就是外键；"课程号"字段在"课程"表中是主键，在"成绩"表中就是外键。在 Access 中允许定义"自动编号"类型字段、单字段和多字段（复合）三种类型的主键。

（1）"自动编号"类型字段主键。当向表中添加每条记录时，可以将"自动编号"类型字段设置为自动输入连续数字的编号。将"自动编号"类型字段指定为主键是创建主键的最简单的方法。例如，如果保存新表之前没有设置主键，则在保存时 Access 系统将询问是否需要创建主键，如果选择"是"，则 Access 将创建"自动编号"类型字段主键。

（2）单字段主键。如果一个字段中包含的都是唯一的值，如学号、身份证号、职工号等，则可以将这些类型的字段指定为主键。如果所选字段有重复值或空值，则 Access 不会将该字段设置为主键。

（3）多字段主键（复合主键）。在一个表中，如果不能保证任何单字段都包含唯一的值，则可以将两个或多个字段的组合指定为主键。例如，在"成绩"表中，"学号"和"课程号"两个字段的值都不是唯一的，都不能单独设置为主键，如果把两个字段组合起来，其组合值具有唯一性，则可以将它们组合设置为主键。

做一做

1. 将"教师"表的"教师编号"字段设置为主键。
2. 将"课程"表的"课程号"字段设置为主键。

任务 3　设置字段取值方式

字段获取数值的方式有多种，其中创建值列表字段和创建查阅字段是两种快捷的方式。在创建值列表字段时，如果在数据表视图中向该字段输入记录，则可以从列表中直接选取已有的值，以减少重复字段值的输入。

任务 3.1　创建值列表字段

在表的设计视图中可以通过直接设置字段属性来创建值列表字段。

【任务】由于"学生"表的"性别"字段值比较固定，请为该字段创建值列表字段，设置值为"男"和"女"。

任务分析

"学生"表的"性别"字段的取值只有"男"和"女"两个值，因此，可以把该字段设置为值列表字段。在该字段输入数据时，可直接从预设的值列表中选择，以减少失误，提高录入速度。

任务操作

（1）在设计视图中打开"学生"表，单击"性别"字段，单击"字段属性"区域中的"查阅"选项卡。

（2）在"显示控件"下拉列表中选择"组合框"；在"行来源类型"下拉列表中选择"值列表"；在"行来源"文本框中输入值列表所包含的值"男"和"女"，两个值之间用半角分号分隔，如图2-14所示。这样，表中的"性别"字段就定义了"男"和"女"两个值。

（3）单击快速访问工具栏中的"保存"按钮，保存所做的修改。

切换到"学生"表的数据表视图，在输入或修改记录的"性别"字段值时，除了可以直接输入"男"或"女"，还可以从下拉列表中选择输入，如图2-15所示。

图2-14 在"查阅"选项卡中定义值列表　　　　图2-15 从下拉列表中选择字段值

另外，还可以使用向导创建值列表字段，该值列表直接为字段提供数值选项。

相关知识

使用向导创建值列表字段

当一个表的字段值为另一个表的字段提供数值时，可以创建值列表字段。在表的设计视图的"字段"属性中可以直接创建，还可以使用向导来创建。例如，为"学生"表中的"专业"字段使用向导创建值列表，取值为"网络技术""数字媒体""物联网技术""平面设计""大数据技术应用"等，操作方法如下。

（1）打开"学生"表，单击"专业"字段所在的行，从"数据类型"下拉列表中选择"查阅向导"，弹出"查阅向导"对话框，选择"自行键入所需的值"单选按钮，如图2-16所示。

（2）单击"下一步"按钮，在弹出的"查阅向导"对话框中输入值列表中所需的列数，默认为1列，输入"网络技术""数字媒体""物联网技术""平面设计""大数据技术应用"，如图2-17所示。

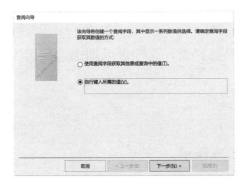

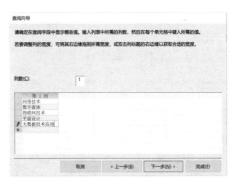

图2-16 确定查阅字段获取数值的方法　　　　图2-17 设置在查阅字段中显示的值

（3）单击"下一步"按钮，弹出如图2-18所示的"查阅向导"对话框，为查阅字段指定字段，默认值为所选字段名称"专业"，单击"完成"按钮。

（4）单击快速访问工具栏中的"保存"按钮，保存所做的修改。

切换到数据表视图，在输入或修改记录的"专业"字段值时，除了可以直接输入，还可以从下拉列表中选择输入，如图2-19所示。

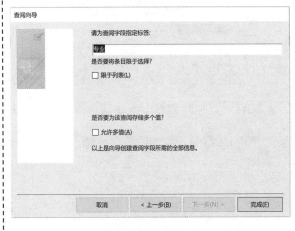

| 图 2-18 为查阅字段指定字段 | 图 2-19 从下拉表中为字段选择输入值 |

任务 3.2 创建查阅字段

使用查阅字段，可以从其他表或查询的结果中获取数值。例如，"课程"表中的"课程名"字段值包括"中国特色社会主义""哲学与人生""网络技术基础""网页设计"等。在"课程"表中输入或修改记录时，除了可以直接输入该字段的值，还可以通过另一个表（如"教材"表等）来提供字段值，这时需要将"课程名"字段设置为查阅字段。

【任务】将"课程"表中的"课程名"字段设置为查阅字段，由"教材"表为该字段提供值列表。

任务分析

先创建"教材"表，包含"教材编号""教材名称"字段，在"课程"表中输入记录时，由"教材"表为"课程"表中的"课程名"字段提供值列表，这样可以加快输入速度，并减少输入错误。

任务操作

（1）浏览已创建的"教材"表，其记录如图2-20所示。

图 2-20　"教材"表记录

（2）在设计视图中打开"课程"表，单击"课程名"字段行，在"数据类型"下拉列表中选择"查阅向导"，弹出如图 2-16 所示的"查阅向导"对话框，选择"使用查阅字段获取其他表或查询中的值"单选按钮。

（3）单击"下一步"按钮，弹出如图 2-21 所示的对话框，选择"表"单选按钮，在列表框中选择"表：教材"。

（4）单击"下一步"按钮，弹出如图 2-22 所示的对话框，选择"教材名称"字段作为查阅字段。

图 2-21　提供查阅字段的表

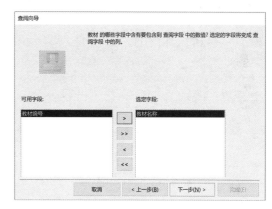

图 2-22　为查阅字段提供数值的字段

（5）单击"下一步"按钮，弹出如图 2-23 所示的对话框，选择要排序的字段。

（6）单击"下一步"按钮，弹出如图 2-24 所示的对话框，指定查阅字段中列的宽度。可拖动右边框到所需要的宽度，或者双击列标题的右边框以获取合适的宽度。

（7）单击"下一步"按钮，在弹出的对话框中为查阅字段指定标签，默认为字段名称，单击"完成"按钮，保存两个表之间建立的关系。

切换到"课程"数据表视图，当输入"课程名"字段值时，从"课程名"下拉列表中选择一个选项，如图 2-25 所示。

图 2-23　选择要排序的字段

图 2-24　指定查阅字段中列的宽度

图 2-25　在数据表视图中为查阅字段选择值

如果"教材"表没有为"课程"提供课程名称，则可以直接在"课程名"字段中输入课程名称。

做一做

1．在设计视图中为"学生"表中的"专业"字段创建值列表，取值为"网络技术""数字媒体""物联网技术""平面设计""大数据技术应用"。

2．创建一个"专业名称"表，设置一个"专业"字段，并输入记录。

3．将"学生"表中的"专业"字段设置为查阅字段，由"专业名称"表为该字段提供值。

想一想

在值列表字段或查阅字段中输入记录时，如果值列表字段或查阅字段没有提供记录，是否可以自行输入？

任务 4　记录排序

在浏览表中记录时，记录按照主键值的升序或降序排列。如果表中没有主键，则表中的记录按照添加的先后顺序排列。如果需要，还可以通过排序操作改变表中记录的排列顺序。对记录排序前，应确定：

选择表	选择要排序的表
选择排序字段	选择要排序的字段
设置排序字段	设置排序关键字
查看排序结果	查看表是否已按设置字段进行了排序

对记录排序既可以按照单字段排序，也可以按照多字段排序。

任务 4.1　单字段排序

【任务】对"学生"表中的记录，如图 2-26 所示，按照"姓名"字段升序排序。

任务分析

在 Access 中，可以按照文本、数字或日期值对数据排序。排序主要有两种方法：一种方法是利用工具栏的简单排序；另一种方法是利用窗口的高级排序。使用工具栏按钮可以对单字段或相邻的多字段快速排序。

图 2-26　排序前的表记录

任务操作

（1）在数据表视图中打开"学生"表，单击要排序的"姓名"字段。

（2）单击"开始"选项卡"排序和筛选"选项组中的"升序"按钮 ，对记录按照升序排序，排序结果如图 2-27 所示。

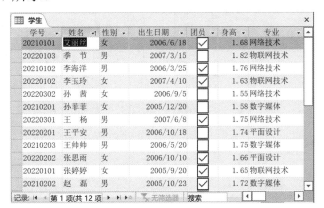

图 2-27　按照"姓名"字段升序排序

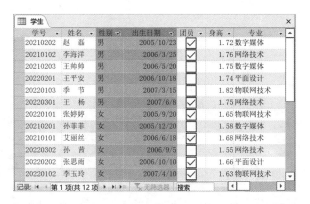

想一想

在表中对记录排序后，表中记录的存储顺序是否发生变化？

图 2-28　按"性别"和"出生日期"字段升序排序

如果单击"排序和筛选"选项组中的"降序"按钮，则对记录按照降序排序。

如果要按照相邻的两个字段排序，如"性别"和"出生日期"，则先按【Shift】键选择这两个字段列，再单击"排序和筛选"选项组中的"升序"或"降序"按钮，对记录排序，排序结果如图 2-28 所示。

任务 4.2　多字段排序

【任务】对"学生"表中的"专业"字段按照升序排序、"出生日期"字段按照降序排序。

任务分析

这是对表中两个字段的排序，两个字段一个是升序排序，另一个是降序排序，因此，需要使用 Access 的高级排序功能。

任务操作

（1）打开"学生"数据表视图，单击"开始"选项卡"排序和筛选"选项组中的"高级"按钮，选择"高级筛选/排序"选项，弹出如图 2-29 所示的筛选窗口。

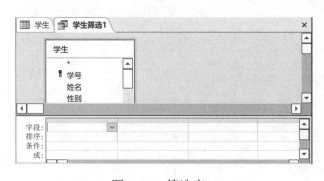

图 2-29　筛选窗口

（2）在筛选窗口的上半部分显示了"学生"表的字段列表。从该字段列表中，将"专业"字段和"出生日期"字段分别拖到筛选窗口的下半部分网格中的第 1 列和第 2 列的字段处；也可以单击"字段"单元格右侧的下拉按钮，在下拉列表中选择排序字段。这里的两个字段的先后顺序位置不能颠倒。

（3）单击下方视图中"排序"单元格右侧的下拉按钮，从下拉列表中选择"升序"或"降序"来排列记录。例如，将"专业"字段设置为升序，"出生日期"字段设置为降序，如图 2-30 所示。

（4）单击"排序和筛选"选项组中的"高级"按钮，选择"应用筛选/排序"选项，系统自动切换到数据表视图，并按照设置的字段排序顺序排列记录，排序后的结果如图 2-31 所示。

图 2-30 设置的排序字段和排列顺序

图 2-31 排序后的"学生"表

从排序结果中可以看到，先按照"专业"字段升序排序，对于专业相同的记录再按照"出生日期"字段降序排序。保存排序结果后，在下次打开该表时，数据的排列顺序与上次关闭时的顺序相同。如果要取消排序顺序，则可单击"排序和筛选"选项组中的"取消排序"按钮，表中记录恢复到排序前的顺序。

提示

如果对多个相邻或不相邻的字段按照不同方式排序，通常使用"高级筛选/排序"功能。排序时首先对第一个字段排序，当遇到第一个字段值相同的记录时，再根据第二个字段值排序。

做一做

1．对"学生"表中的"出生日期"字段按照升序排序。

2．对"教师"表中的"任教课程"字段和"姓名"字段按照升序排序。

任务 5 筛选记录

筛选就是一个简单的查询，使用筛选可以查找表中特定的记录。在 Access 中有多种筛选记录的方法，如按窗体筛选记录、高级筛选记录、选择记录等。筛选记录前，应确定：

选择表	选择要筛选记录的表
确定筛选条件	描述筛选条件
设置筛选条件	设置筛选条件
查看筛选结果	查看筛选记录的结果

任务 5.1 按窗体筛选记录

如果表中有大量记录，需要筛选出满足某些条件的记录，则通过"按窗体筛选"的方法能够快速筛选出需要的记录。

【任务】在"学生"表中筛选专业为"数字媒体"并且性别为"女"的记录。

任务分析

本任务的筛选条件：专业为"数字媒体"、性别为"女"，可以使用"按窗体筛选"功能，设置筛选条件，产生满足条件的记录子集。

任务操作

（1）打开"学生"数据表视图，在"开始"选项卡"排序和筛选"选项组中，单击"高级"按钮，选择"按窗体筛选"选项。

（2）单击"专业"字段空白行下拉按钮，从下拉列表中选择"数字媒体"，如图 2-32 所示。

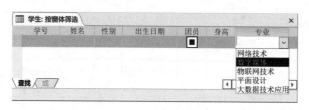

图 2-32　设置筛选选项

（3）单击"性别"字段下拉按钮，从下拉列表中选择"女"，单击"排序和筛选"选项组中的"高级"按钮，选择"应用筛选/排序"选项，筛选结果如图 2-33 所示。

图 2-33　按窗体筛选记录

从上述筛选结果可以看出，"学生"表中"数字媒体"专业的女生记录显示在数据表视图中。

如果筛选的条件中包含两个或多个"或"条件，那么在设置了一个条件后，单击筛选窗口底部的"或"选项卡，设置另一个条件，设置条件后，会再显示一个"或"选项卡，可以设置更多的"或"条件。例如，设置筛选"数字媒体"专业的女生记录或"物联网技术"专业的男生记录，在设置第一个条件后，单击"或"选项卡，设置第二个条件，如图 2-34 所示，应用筛选后，结果如图 2-35 所示。

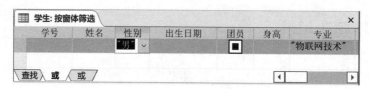

图 2-34　设置"或"条件筛选

图 2-35　"或"条件筛选记录结果

如果要取消筛选记录，则单击"排序和筛选"选项组中的"高级"按钮，选择"清除所有筛选器"选项即可。

任务 5.2　高级筛选记录

如果筛选记录时有多个比较复杂的筛选条件，可以使用高级筛选，为指定的字段设置筛选条件。

【任务】在"学生"表中筛选出"张"姓或"李"姓的记录。

任务分析

本任务是不确定记录的筛选，没有给出具体的姓名，因此，在设置筛选条件时，需要使用通配符"*"或"?"。其中，一个"*"可以替代多个字符，一个"?"可以替代一个字符。本任务中的"张"姓或"李"姓条件，可以设置为"张* Or 李*"，其中"Or"是"或"运算符。

任务操作

（1）在数据表视图打开"学生"表，单击"开始"选项卡"排序和筛选"选项组中的"高级"按钮，选择"高级筛选/排序"选项，打开筛选窗口。

（2）在"字段"单元格中，选择要进行筛选的"姓名"字段，在"条件"单元格中输入筛选条件"张*"，系统自动显示为"Like "张*""，在"或"单元格中输入"李*"，系统自动显示为"Like "李*""，如图 2-36所示。

上述筛选可以在"条件"单元格中输入"张* Or 李*"，系统自动显示为"Like "张*" Or Like "李*""。

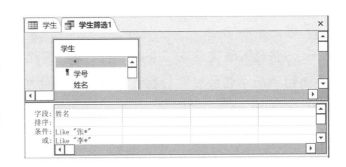

图 2-36　设置筛选条件

（3）单击"排序和筛选"选项组中的"高级"按钮，选择"应用筛选/排序"选项，筛选出"张"姓或"李"姓的记录，如图 2-37 所示。

图 2-37　高级筛选记录结果

提示

如果要查找某一字段值为"空"或"非空"的记录，则可以在该字段中输入条件"Is Null"或"Is Not Null"。

如果要保存筛选的记录，则可以把筛选条件保存为一个查询对象。单击"开始"选项卡"排序和筛选"选项组中的"高级"按钮，选择"另存为查询"选项，为查询输入一个名字并单击"确定"按钮，查询便保存在数据库中。

想一想

在"学生"表中筛选出"张"姓或"李"姓，且专业是"物联网技术"的记录，使用高级筛选如何设置筛选条件？

相关知识

选择记录

Access 2016提供了选择记录操作，可以选择包含或不包含同一字段数据的特定记录。例如，在"学生"数据表视图中，筛选专业是"数字媒体"的记录。应用选择记录时，把插入点定位在单元格"专业"字段中的"数字媒体"上，在"开始"选项卡"排序和筛选"选项组中，单击"选择"按钮，选择一个适当的选项，如图 2-38 所示。

若选择"等于""数字媒体"""选项，则在数据表视图中只显示专业是"数字媒体"的记录。

将插入点定位在"专业"字段的一条记录上，单击"开始"选项卡"排序和筛选"选项组中的"筛选器"按钮或字段标题栏的下拉按钮，在弹出的列表中选择需要的选项，如图 2-39 所示。

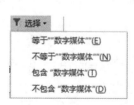

图 2-38　选择选项

图 2-39　字段筛选器

在执行一个筛选后，筛选标记 ▼ 就会显示在筛选的字段标题栏中。

在"排序和筛选"选项组中，单击"切换筛选"按钮，可以撤销筛选或再次进行筛选操作。

做一做

1．在"教师"表中查找"赵"姓的教师信息。

2．在"学生"表中查找身高为 1.65～1.70m 的记录。

3．在"课程"表中利用"按窗体筛选"功能筛选出课程号以"JS"开头的记录。

任务 6　创建索引

利用索引功能可以根据用户选择的创建索引的字段来存储记录的位置，使用索引可以加快记录的查找速度。用于创建索引的字段是经常搜索、排序的字段，以及在多个表或查询中联接到其他表中字段的字段，创建索引的字段可以是一个或多个字段。如果在包含一个或多个索引字段的表中输入记录，则每次添加记录时，Access 都要更新索引。创建索引前，应确定：

选择索引表	确认要索引的表
确定索引关键字	确定索引关键字表达式
建立索引	创建索引
应用索引	应用索引检索记录

任务 6.1　创建单字段索引

【任务】为便于检索学生的课程成绩，需要对"成绩"表中的"学号"字段建立索引。

任务分析

为了快速检索记录，可以对表建立索引。由于"成绩"表中一条记录代表一门课程的成绩，每位学生可以有多门课程的成绩，则有多条记录相对应，按"学号"字段建立有重复记录的索引，使每位学生的课程成绩排列在一起。

任务操作

（1）在"成绩"表设计视图中，单击"学号"字段。

（2）在"字段属性"区域"常规"选项卡中的"索引"下拉列表中选择"有（有重复）"，如图 2-40 所示。

图 2-40　建立有重复记录的索引

（3）单击快速访问工具栏中的"保存"按钮，保存所做的修改。

当一个字段被定义为主键时，系统会自动建立索引，而且是"无重复"的主索引。

 提示

建立索引的另一种方法是在设计视图的"设计"选项卡"显示/隐藏"选项组中，单击"索引"按钮，打开"索引"窗口，如图 2-41 所示。在"索引"窗口中可以看到已经存在一个名为"PrimaryKey"的索引，是以"学号"和"课程号"字段组合为主键的索引，并且是唯一索引。表中第三行的索引是上述任务创建的"有重复"索引，不是唯一索引，如图 2-42 所示。

图 2-41　主索引

图 2-42　"有重复"索引

任务 6.2　创建多字段索引

在表中使用索引检索记录时，如果一个字段的索引不能检索到所需的记录，可以建立多字段的索引，称为复合索引。使用多字段索引记录时，可以理解为首先使用索引对第一个字段进行排列，如果第一个字段值相同，则按照索引中的第二个字段值进行排列，以此类推。

【任务】在"学生"表中为了快速检索某个专业某学生的信息，可以创建一个名为"姓名专业"的多字段索引，索引字段为"姓名"和"专业"。

任务分析

这是一个多字段索引，创建索引的字段为"姓名"和"专业"，两个字段必须构建成一个合法的表达式"姓名+专业"，按该表达式的值建立索引。

任务操作

（1）在设计视图中打开要创建索引的"学生"表，在"设计"选项卡"显示/隐藏"选项组中，单击"索引"按钮，打开"索引"窗口，已经存在按照"学号"字段建立的主索引。

（2）在"索引名称"的第一个空行中输入索引名，如"姓名专业"，单击该行"字段名称"下拉按钮，从下拉列表中选择索引的第一个字段"姓名"，在"排序次序"下拉列表中选择"升序"，将"索引属性"区域中的"主索引"和"唯一索引"的属性都设置为"否"。

图 2-43   建立多字段索引

（3）在"字段名称"行的下一行中，选择第二个索引字段"专业"，并使该行的"索引名称"列为空，选择默认的"升序"排序，如图 2-43 所示。

显示在不包含索引名称行之后的任意行将作为复合索引的一部分，上述"姓名"和"专业"被组合为一个索引。

（4）关闭"索引"窗口，单击快速访问工具栏中的"保存"按钮，保存所做的修改。

在执行上述索引时，记录将按照索引关键字表达式"姓名+专业"进行索引。

① 主索引：在指定的索引字段或表达式中不允许出现重复值的索引，检索关键字里包含主关键字，它能确保记录字段值的唯一性，并且由该字段决定处理记录的顺序。一个数据库表只能有一个主索引。

② 唯一索引：数据表记录的索引值在表中必须是唯一的，不允许有相同索引值的记录。

③ 忽略空值：在索引结果中不包含索引值为空值（Null）的记录。

如果要删除索引，则可以打开如图 2-43 所示的索引窗口，单击索引所在的行，选择一行或多行，按【Del】键即可。

想一想

一个表中的主索引最多有几个？如何理解唯一索引？

相关知识

Access 索引

设置索引字段的数据类型为短文本、数字、大型页码、日期/时间、自动编号、货币、是/否、或超链接，不能对 OLE 对象、附件、计算等数据类型的字段设置索引。表的主键字段将自动设置索引，而且是主索引，也是唯一索引。

在 Access 中可以基于表中的单个或多个字段（复合索引）创建索引。通过设置"索引"属性可以创建单字段索引。表2-5列出了"索引"属性的设置选项。

表2-5 "索引"属性的设置选项

索引属性设置	含　义
无	不在此字段上创建索引（或删除现有索引）
有（有重复）	允许该字段有相同值的多条记录参加索引
有（无重复）	创建唯一索引，不允许字段值重复，每条记录的该字段值在表中必须是唯一的

一个复合索引中最多可以包含10个字段。如果复合索引未用作表的主键，则该索引中的任何字段可以为空。

🐟做一做

1. 在"学生"表中对"专业"字段创建一个索引。

2. 在"学生"表中创建一个索引名为"专业姓名"的复合索引，索引字段为"专业"和"姓名"，该索引与本任务中创建的索引结果是否一样？

任务7 建立表间关系

一个关系数据库由各种表组成，每个表中包含不同的数据，这些表共同构建了一个完整的数据系统，要发挥 Access 的数据管理功能，需要将这些表关联起来，建立表之间的关系。建立表间关系时，应确定：

获取数据信息	确认要从表中获取的数据信息
确定要关联的表	确定要建立关系的表
确定关联字段	确定两个表之间建立关系的关键字段
建立表间关系	建立两个表之间的关联

任务7.1 定义表间关系

【任务】在"成绩管理"数据库中有时要检索某学生及其所学专业、各门课程的考试成绩等，需要将这些数据所在的表建立关联。

任务分析

检索分布在"学生"表和"成绩"表中的学生及其所学专业、各门课程的考试成绩等信息，若要同时输出这些信息，则需要在"学生"表和"成绩"表之间建立关联。在"学生"表中"学号"为主键，每位学生的学号是唯一的，在对应的"成绩"表中"学号"字段是外键，该表记录每位学生各门课程的考试成绩，因此，这两个表可以通过"学号"字段建立一对多关联。

任务操作

（1）打开"成绩管理"数据库，在"数据库工具"选项卡"关系"选项组中，单击"关系"按钮，打开"关系"窗口。如果"成绩管理"数据库中各表之间已建立关系，则显示各表之间的关系。如果要建立表之间的关系，则在"关系设计"选项卡"关系"选项组中单击"添加表"按钮，弹出"显示表"对话框，如图 2-44 所示。

（2）选择要建立关系的表。分别将"学生"表和"成绩"表通过单击"显示表"对话框下方的"添加"按钮，添加到"关系"窗口中；或者直接双击要建立关系的表，将表添加到"关系"窗口中，添加表后的"关系"窗口如图 2-45 所示，然后关闭"显示表"对话框。

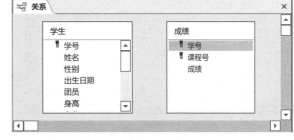

图 2-44　"显示表"对话框　　　　图 2-45　添加表后的"关系"窗口

提示

如果添加了多余的表，则可单击该表，按【Del】键将其删除，或者在"关系设计"选项卡"关系"选项组中，单击"隐藏表"按钮，隐藏多余的表。

（3）在"关系"窗口中把"学生"表的"学号"字段拖放到"成绩"表中的"学号"字段上，系统自动弹出"编辑关系"对话框，如图 2-46 所示。通常情况下是将表中的主键字段拖放到其他表中的外键字段上。

（4）在"编辑关系"对话框中，检查显示在两列中的字段名是否正确，勾选"实施参照完整性"复选框，以便在更新和删除记录时实施参照完整性操作。

提示

实施参照完整性，是对关联表之间的约束，如果选择不实施参照完整性，则可以在表中随意添加记录、更改键值或删除相关记录，不会出现违反参照完整性的警告，但容易导致孤立数据的存在（如"成绩"表中有考试成绩记录，而"学生"表中没有该学生的信息）。实施参照完整性还会启用"级联更新"和"级联删除"两个选项。

（5）单击"创建"按钮，系统自动建立该关系，两个表中"学号"字段之间出现一条粗线，粗线两端标有"1"和"∞"，这表明两个表之间建立了一对多关系，如图 2-47 所示。

图 2-46 "编辑关系"对话框

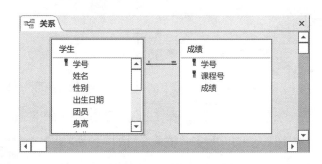

图 2-47 建立的表间关系

（6）关闭"关系"窗口，把创建的关系保存到数据库中。

建立两个表之间的关系，一般选择数据类型相同的字段，两个字段名可以不相同，有时为了便于记忆，可以使用两个相同的字段名，其属性含义可能相同。

利用同样的方法，建立"课程"表与"成绩"表、"教师"表与"课程"表之间的关系，"成绩管理"数据库中的表间关系如图 2-48 所示。

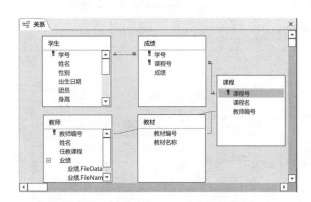

图 2-48 "成绩管理"数据库中的表间关系

建立表间一对多关系时，在关系的"一"端上的字段（通常为主键）必须是唯一索引，而"多"端上的字段不是唯一索引，但可以有索引，且字段值允许重复。

相关知识

表间关系与子数据表

1. 表间关系

在数据库应用管理系统中，一个数据库中往往包含多个表。例如，"成绩管理"数据库中包含"学生"表、"教师"表、"课程"表、"成绩"表等。这些表之间不是独立的，它们之间是有关系的。表之间可以分为一对一、一对多和多对多三种关系。

① 一对一关系。一个表中的记录在另一个表中有且仅有一条对应的记录。在具有一对一关系的两个数据表中，一般选择相同属性字段作为关键字段，其中一个表中的关系字段为主关键字段具有唯一值，另一个表中的关系字段为外键也具有唯一值。如果两个表是一对一关系，则可以合并成一个表，以减少一层联接关系，但由于特殊需要，这样的表不能合并。例如，另一个表的数据不能对外公开。

② 一对多关系。一个表（父表）中的记录与另一个表（子表）中的一条或多条记录相关联。子表中的每条记录仅与父表中的一条记录相关联。具有一对多关系的两个数据

表中，一般选择一个相同属性字段作为关键字段，其中，父表中的关系字段为主关键字段具有唯一值，子表中的关系字段为外键具有重复值。一对多关系在关系数据库中具有普遍性。例如，在"成绩管理"数据库中，"学生"表与"成绩"表通过"学号"字段可以建立一对多关系；"课程"表与"成绩"表通过"课程号"字段可以建立一对多关系。

③ 多对多关系。多对多关系是指两个数据表通过一个相同属性字段作为关键字段来建立关联，两个表中的每条记录可以与另一个表中的零条、一条或多条记录相关联。例如，在学生和课程之间的关系中，一位学生学习多门课程，而每门课程也由多位学生来学习。通常，在处理多对多的关系时，把多对多的关系分为两个不同的一对多的关系，这时需要创建第三个表，即通过一个中间表来建立两个表的对应关系。用户可以把两个表中的主关键字段都放在中间表中。

2. 子数据表

对于已经定义好关系的表，在具有一对多关系的"一"端表中，系统自动为该表创建一个子表。在数据表视图中，每条记录的前面出现一个可展开的按钮⊞，单击按钮⊞，会展开一个子数据表，列出相关联的记录，如图 2-49 所示。

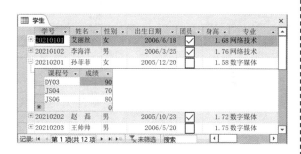

图 2-49　"学生"表中展开"成绩"子表

如果要删除子数据表，可在"开始"选项卡"记录"选项组中，单击"其他"按钮，在"子数据表"菜单中选择"删除"选项，即可删除子数据表。

如果要添加子数据表，可在"开始"选项卡"记录"选项组中，单击"其他"按钮，在"子数据表"菜单中选择"子数据表"选项，在弹出的"插入子数据表"对话框中选择要插入的子数据表。

任务7.2　设置联接类型

联接是表或查询中的字段与另一个表或查询中具有同一数据类型的字段之间的关联。根据联接的类型，不匹配的记录可能被包括在内，也可能被排除在外。设置或更改联接类型的操作步骤如下。

（1）在"数据库工具"选项卡"关系"选项组中，单击"关系"按钮，弹出"关系"窗口，双击要编辑联接类型的两个表（如"学生"表和"成绩"表）之间的连线，弹出"编辑关系"对话框，如图 2-46 所示。

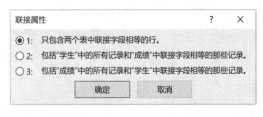

图 2-50 "联接属性"对话框

（2）单击"联接类型"按钮，弹出"联接属性"对话框，如图 2-50 所示，可在该对话框中选择需要的联接类型。

① "1"选项：定义一个内部联接（默认选项），即只包含来自两个表中联接字段值相同的记录。

② "2"选项：定义一个左外部联接，即包含左表中的所有记录和右表中联接字段值相同的所有记录。

③ "3"选项：定义一个右外部联接，即包含右表中的所有记录和左表中联接字段值相同的所有记录。

（3）单击"确定"按钮，关闭"联接属性"对话框。

相关知识

参照完整性

参照完整性是指输入或删除记录时，为维护表之间已定义的关系而必须遵守的规则。

（1）当主表中没有相关记录时，不能将记录添加到相关的表中。例如，不能在"成绩"表中为"学生"表内不存在的学生添加成绩记录。

（2）当相关表之间存在匹配记录时，如果表之间没有实施参照完整性，则不能从主表中删除这条记录。例如，在"成绩"表中有某学生的成绩，不能直接从"学生"表（主表）中删除该学生的记录，如果从"学生"表删除该学生记录，则在"成绩"表的记录变为孤立的记录。实施参照完整性后，如果从主表中删除记录，则会级联删除相关表中的记录。

（3）当主表中的某条记录在相关表中有相关值时，如果表之间没有实施参照完整性，则不能在主表中更改主键的值。例如，如果"成绩"表中有某门课程的成绩，则不能在"课程"表中更改这门课程的课程号。实施参照完整性后，如果在主表中更改主键的值，则会级联更新相关表中的记录。

因此在建立表间关系时，应勾选"实施参照完整性"复选框，以确保在表中输入、更新、删除数据时满足参照完整性。

任务 7.3　编辑关系

两个表之间建立关系后，可以根据需要对该关系进行编辑或修改，如果不需要该关系，则可以将该关系删除。

1. 编辑已有关系

在"关系"窗口可以编辑两个表之间的关系。

（1）在"数据库工具"选项卡"关系"选项组中，单击"关系"按钮，打开"关系"窗口。

（2）在"关系"窗口中双击要编辑的关系线的中间部分，在弹出的"编辑关系"对话框中，对关系选项进行重新设置。

（3）单击快速访问工具栏中的"保存"按钮，保存所做的修改。

想一想

为什么要对表间关系实施参照完整性？

2. 删除已有关系

删除两个表之间的已有关系，操作步骤如下。

（1）在"数据库工具"选项卡"关系"选项组中，单击"关系"按钮，打开"关系"窗口。

图 2-51　确认删除对话框

（2）在"关系"窗口中单击要删除的关系线的中间部分，按【Del】键，弹出如图 2-51 所示的确认删除对话框。

（3）单击对话框中的"是"按钮，确认删除操作。

相关知识

实施参照完整性、级联更新相关字段、级联删除相关记录

在建立表之间的关系时，在"编辑关系"对话框中会出现"实施参照完整性""级联更新相关字段""级联删除相关记录"选项，三个选项的含义如下。

① 实施参照完整性：控制相关表中记录的插入、更新或删除操作，确保关联表中记录的正确性。

② 级联更新相关字段：当主表中的主键更新时，关联表中该字段值也会自动更新。例如，在"学生"表中更改了某位学生的学号，在"成绩"表中该学生的所有学号字段值都会自动更新为新的学号。

③ 级联删除相关记录：当主表的记录被删除时，关联表相同字段值的记录将自动被删除。例如，在"学生"表中删除了一位学生的记录，在"成绩"表中该学生各门课程的成绩记录将会自动删除。

做一做

1. 将"成绩管理"数据库中的"课程"表和"成绩"表通过"课程号"字段建立一对多关系。

2．将"教师"表中的"教师编号"和"课程"表中的"教师编号"字段建立一对多关系。

习题2

一、填空题

1．打开数据表可以使用_____视图方式和_____视图方式。

2．Access系统为存储表中"OLE对象"类型的数据提供了_____和_____两种方法。

3．在输入表中记录时，如果表中某个字段值是由另一个表提供的，那么该字段应设置为_____类型。

4．Access提供筛选记录的方法有_____、_____和选择记录等。

5．Access表之间的关系有_____、_____和_____三种类型。

6．表中有一个"电话号码"字段，若要确保输入的电话号码格式为"×××－××××××××"，则应将该字段的"输入掩码"属性设置为_____。

二、选择题

1．Access的"OLE对象"类型字段所嵌入的数据对象存放在（　　）。

    A．数据库中　　　　　B．外部文件中　　　C．最初的文档中　　D．以上都是

2．在表中输入数据时，系统自动检查输入的数据是否符合要求，这样可以防止非法数据的输入或限定输入数据的范围，需要设置字段的（　　）。

    A．格式　　　　　　　B．有效性规则　　　C．默认值　　　　　D．输入掩码

3．在设置字段属性时，"验证文本"属性的作用是（　　）。

    A．在保存数据前，验证用户的输入

    B．在数据无效而被拒绝写入时，向用户提示信息

    C．允许字段保持空值

    D．为所有的新记录提供新值

4．将表中的字段定义为（　　），其作用是使每条记录的该字段值都必须唯一。

    A．索引　　　　　　　B．主键　　　　　　C．必填字段　　　　D．验证规则

5．关于字段默认值的说法，正确的是（　　）。

    A．不得使字段为空

    B．不允许字段值超出某个范围

    C．在输入数值前，系统自动提供数值

    D．系统自动把小写字母转换为大写字母

6. 对于"OLE 对象"类型数据，如果修改该数据对象不会影响原始对象的内容，则该数据对象应该（　　）到该"OLE 对象"类型字段。

    A．链接　　　　　　B．超级链接　　　　C．嵌入　　　　　　D．嵌套

7. 以下关于主键的说法，错误的是（　　）。

    A．使用自动编号是创建主键最简单的方法

    B．作为主键的字段中允许出现 Null 值

    C．作为主键的字段中不允许出现重复值

    D．不能确定任何单字段值的唯一性时，可以将两个或更多的字段组合成为主键

8. 按窗体筛选记录时，如果有多个筛选条件，那么多个筛选条件（　　）。

    A．只能建立"与"关系　　　　　　　　B．只能建立"或"关系

    C．可以建立"与""或"关系　　　　　　D．"与""或"关系不能同时建立

9. 如果 A 表与 B 表具有多对多关系，且只能通过定义第三个表来达成，则应使第三个表分别与 A 表和 B 表建立两个（　　）关系。

    A．一对一　　　　　B．一对多　　　　　C．多对一　　　　　D．多对多

10. 假设数据库中 A 表与 B 表建立了一对多关系，B 表为"多"端，则下述说法正确的是（　　）。

    A．A 表中的一条记录能与 B 表中的多条记录匹配

    B．B 表中的一条记录能与 A 表中的多条记录匹配

    C．A 表中的一个字段能与 B 表中的多个字段匹配

    D．B 表中的一个字段能与 A 表中的多个字段匹配

11. 下列对数据输入无法起到约束作用的是（　　）。

    A．输入掩码　　　　B．有效性规则　　　C．字段名称　　　　D．数据类型

12. 如果表中字段的输入值不合法，应设置（　　）。

    A．默认值　　　　　B．有效性规则　　　C．有效性文本　　　D．索引

13. 下列关于字段属性的叙述中，正确的是（　　）。

    A．格式属性只可能影响数据的显示格式

    B．可对任意类型的字段设置默认值属性

    C．可对任意类型的字段设置输入掩码属性

    D．只有文本型数据能够使用输入掩码向导

14. 在 Access 数据库中，不能定义为主键的是（　　）。

    A．自动编号　　　　B．一个字段　　　　C．多个字段组合　　D．OLE 对象

15. 可以设置"字段大小"属性的数据类型是（　　）。

    A．备注类型　　　　B．日期/时间类型　　C．文本类型　　　　D．OLE 对象类型

16．如果字段输入掩码设置为"L"，则在输入数据时，该字段可以接受的合法输入是（　　）。

    A．必须输入字母或数字　　　　　　　B．必须输入字母 A～Z

    C．可以输入字母、数字或空格　　　　D．任意符号

17．下列关于空值的叙述中，正确的是（　　）。

    A．空值是用 0 表示的值　　　　　　　B．空值是用空格表示的值

    C．空值是双引号中间没有空格的值　　D．空值是字段目前还不确定的值

18．为了保持表之间的关系，在 Access 数据库子表中添加记录时，如果主表中没有与之相关的记录，则不能在子表中添加该记录，为此需要定义的关系是（　　）。

    A．输入掩码　　　　B．有效性规则　　　　C．默认值　　　　D．参照完整性

三、操作题

1．给"教材"表中的"出版日期"字段设置输入掩码，格式为"长日期（中文）"格式。

2．给"订单"表中的"册数"字段设置有效性规则，要求册数不能为负数。

3．将"教材"表中的"定价"字段值范围设置为 0～1 万元，当超出这个范围时，给出提示信息。

4．将"教材订购"数据库"教材"表中的"教材 ID"字段设置为主键。

5．将"出版社"表中的"出版社 ID"字段设置为主键。

6．将"订单"表中的"单位"字段设置为查阅字段，由"单位"表中的"单位名称"字段提供数值列表。

7．对"教材"表中的"作者"字段按照升序排序。

8．对"订单"表中的"教材 ID"字段按照升序排序、"订购日期"字段按照降序排序。

9．在"订单"表中筛选"黄海电子学校"的订购教材情况。

10．在"教材"表中筛选"2022 年 1 月 1 日"以后出版的教材信息。

11．在"订单"表中筛选"教材 ID"是"D003"并且单位是"黄海电子学校"的订购教材的信息。

12．对"教材"表中的"书名"字段按照升序建立索引。

13．将"教材"表和"订单"表通过"教材 ID"字段建立一对多关系。

14．将"出版社"表和"教材"表建立一对多关系。

项目 3 创建查询

数据库的主要目的是存储和提取信息。Access 查询操作是在数据库表中按照查询条件检索记录。Access 建立的查询是一个动态的数据记录集，每次执行查询操作时，系统自动在指定的表中检索记录，创建数据记录集，使查询中的数据能够与数据库表中的数据同步。可以修改动态数据记录集中的数据，所做的修改将回存到对应的基表中。

在 Access 2016 中的查询包含选择查询、参数查询、交叉表查询、操作查询及 SQL 查询等。

项目要求

在创建"成绩管理"数据库后，经常对数据库中的表进行数据查询，以查找满足条件的记录，同时将满足条件的记录单独存储，并可追加记录或更新不需要的记录。在应用程序设计中，可以通过 SQL 语句来进行数据查询，以满足用户的需求。本项目包含下列任务。

（1）根据要求设置查询条件。

（2）根据查询条件要求创建查询。

（3）应用查询结果，追加记录或更新表中的记录等。

（4）根据查询条件，使用 SQL 语句进行查询。

任务 1 使用查询向导创建查询

在 Access 2016 中可以通过查询向导和查询设计视图来创建查询。在查询向导中又包含简单查询向导、交叉表查询向导、查找重复项查询向导及查找不匹配项查询向导。创建查询前，应明确：

查询目的	为什么要设置查询
查询条件	要查询的条件有哪些
查询结果	查询结果是否正确

任务 1.1 使用简单查询向导

使用查询向导是快速创建查询的方法，不仅能够为新建查询选择来源表及包含在结果集内的字段，还能够对结果集内的记录进行汇总、计算平均值、求最大值和最小值等计算。

【任务 1】使用简单查询向导创建一个基于"学生"表的学生简单查询，输出"学号""姓名""出生日期""专业""家庭住址"字段。

任务分析

使用筛选可以检索表中满足条件记录的全部字段，而使用查询则可以检索表中全部或部分字段信息。本任务中查询的记录源为"学生"表。

任务操作

（1）打开"成绩管理"数据库，在"创建"选项卡"查询"选项组中单击"查询向导"按钮，弹出"新建查询"对话框，如图 3-1 所示。

（2）在"新建查询"对话框中选择"简单查询向导"选项，弹出"简单查询向导"对话框，在"表/查询"下拉列表中选择"表：学生"，在"可用字段"列表中选择"学号""姓名""出生日期""专业""家庭住址"字段，将这些字段添加到"选定字段"列表中，如图 3-2 所示。

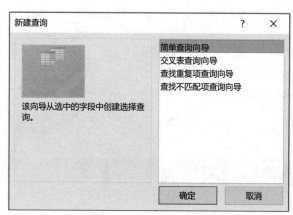

图 3-1　"新建查询"对话框　　　　图 3-2　"简单查询向导"对话框

（3）单击"下一步"按钮，弹出如图 3-3 所示的对话框，将查询标题指定为"学生信息查询"，如图 3-3 所示，单击"完成"按钮。

当选择"打开查询查看信息"单选按钮时，单击"完成"按钮，在数据表视图中打开查询，可以查看查询结果；当选择"修改查询设计"单选按钮时，单击"完成"按钮，在设计视图中打开查询，可以查看查询结果。

通过上述操作，创建了名为"学生信息查询"的查询，在数据表视图中显示查询结果，如图 3-4 所示。

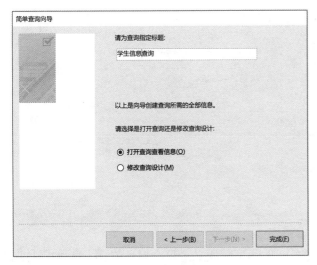

图 3-3　指定查询标题对话框

图 3-4　查询结果

表面上看查询和数据表没有什么区别，但它不是一个表。

当保存查询时，只会保存查询的结构，而不保存返回的结果。也就是说，只会存储用于生成查询的 SQL 语法。

提示

在查询的数据表视图中不能插入或删除字段列，也不能更改字段名，因为查询本身不是数据表，而是从表中生成动态数据记录集。

想一想

使用查询向导创建查询时，哪些数据库对象可以作为其记录源？

【任务 2】使用简单查询向导创建一个多表查询，查询每位学生的学号、姓名、专业、课程名称及成绩等信息。

任务分析

本任务是一个多表查询，该查询中的内容信息分别来自"学生"表、"课程"表和"成绩"表，这些表之间已经建立关系，使用简单查询向导可以实现该查询。

任务操作

（1）使用简单查询向导创建查询，在如图 3-2 所示的"简单查询向导"对话框中，选择"学生"表中的"学号"、"姓名"和"专业"字段，"课程"表中的"课程名"字段，以及"成绩"表中的"成绩"字段，将这些字段添加到"选定字段"列表中，如图 3-5 所示。

（2）单击"下一步"按钮，在弹出的如图 3-6 所示的对话框中，选择"明细(显示每个记录的每个字段)"单选按钮，如图 3-6 所示。

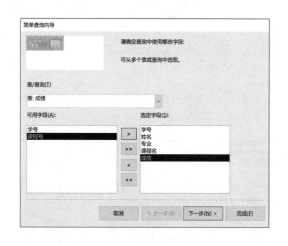

图 3-5　选择多表字段　　　　　图 3-6　选择"明细(显示每个记录的每个字段)"单选按钮

提示

只有当选择的字段中包含数字类型字段时，才会出现如图 3-6 所示的对话框。如果选择了"汇总"单选按钮，并弹出"汇总选项"对话框，则可以对数字字段进行汇总、计算平均值、求最大值和最小值等操作。

（3）单击"下一步"按钮，指定查询标题为"学生课程成绩查询"，单击"完成"按钮，系统自动运行查询，从 3 个表中检索记录，学生课程成绩查询结果如图 3-7 所示。

提示

在"开始"选项卡的"视图"选项组中，单击"视图"下拉按钮，选择"SQL 视图"选项，可以查看生成该查询的 SQL 语句，如图 3-8 所示。

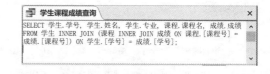

图 3-7　学生课程成绩查询结果　　　　　图 3-8　生成该查询的 SQL 语句

如果使用向导创建的查询不能满足需要，则可以在设计视图中进行修改。

任务 1.2　使用交叉表查询向导

交叉表查询是一种特殊的聚合查询，可以汇总某个指定字段的值，并通过两组维度将它们组合在一个矩阵布局中，一组在矩阵的左侧，另一组在矩阵的顶部。交叉表查询非常适合分析随时间变化的趋势，或者提供一种方法以快速识别数据集中的异常情况。创建交叉表最少需要 3 个字段，分别构成行标题字段、列标题字段及构成矩阵中心的聚合数据。中心的聚合数据可以表示合计、计数、平均值或其他任何聚合函数。

【任务】创建一个交叉表查询，统计学生所学课程的成绩及总成绩，查询结果如图 3-9 所示。

学号	姓名	总计 成绩	Access数据	PhotoShop	二维动画	概率基础	数学（一）
20210101	艾丽丝	434	92			85	
20210102	李海洋	398	78		90		
20210201	孙菲菲	240		80			
20210202	赵　磊	228		78			
20210203	王帅帅	262		92			
20220101	张婷婷	336				78	
20220102	李玉玲	292				78	
20220201	王平安	146		56			
20220202	张思雨	140		80			

图 3-9　查询结果

任务分析

使用交叉表查询向导创建交叉表查询时，使用的字段必须来自同一个表或查询。本任务查询中的数据不是来自一个表，而是分别来自"学生"表的"姓名"字段、"课程"表的"课程名"字段及"成绩"表的"成绩"字段，因此可以选择已建立的"学生课程成绩查询"作为记录源。

任务操作

（1）使用交叉表查询向导创建查询。在"新建查询"对话框中，选择"交叉表查询向导"选项，单击"确定"按钮，弹出如图 3-10 所示的对话框，选择"查询：学生课程成绩查询"作为查询记录源。

（2）单击"下一步"按钮，选择"学号"和"姓名"字段作为行标题，如图 3-11 所示。

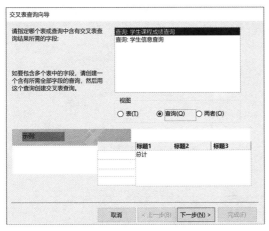

图 3-10　选择查询记录源

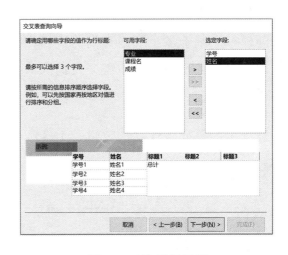

图 3-11　选择行标题

（3）单击"下一步"按钮，选择"课程名"字段作为列标题，如图 3-12 所示。

（4）单击"下一步"按钮，选择在每行和每列的交叉点上显示的数据（矩阵中心聚合数据），在"字段"列表中选择"成绩"选项，在"函数"列表中选择"总数"选项，如

图 3-13 所示。

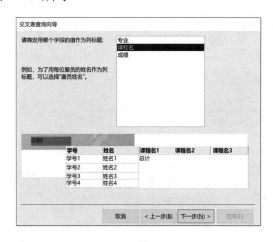 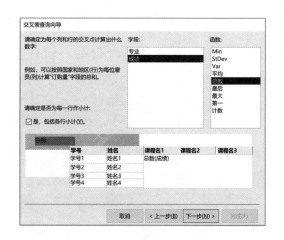

图 3-12　选择列标题　　　　　　　　　　图 3-13　选择矩阵中心数据

（5）单击"下一步"按钮，弹出完成创建交叉表对话框，指定该查询名为"学生课程成绩查询_交叉表"，单击"完成"按钮，系统自动创建一个交叉表查询，查询结果如图 3-9 所示，该交叉表查询对应的设计视图如图 3-14 所示。

图 3-14　"学生课程成绩查询_交叉表"设计视图

在使用交叉表查询向导创建交叉表查询时，如果所需的字段来自不同的表或查询，则可以先创建一个基于多个表或查询的查询，将交叉表查询中所需的字段建立在一个查询中，将该查询作为记录源，然后创建交叉表查询。

想一想

创建交叉表查询时，行标题的字段数最多可以是多少？

相关知识

查询功能

查询非常灵活，可以以多种方式查看数据。下面列举了使用 Access 查询可以完成的一些操作。

① 选择表。可以从单个表中获取信息，也可以从多个表中获取信息。

② 选择字段。设置在查询记录集中包含的表中字段。

③ 提供条件。设置基于某个或多个条件选择筛选记录。

④ 执行计算。使用查询可以执行计算，如记录中数据的平均值、总计或计数。

⑤ 创建表。基于查询返回的数据创建一个新表。

⑥ 在窗体和报表上显示查询数据。报表或窗体中使用基于查询创建的记录集。

⑦ 将查询用作其他查询（子查询）的记录源。一个查询为子查询提供记录源，也就是说子查询筛选第一个查询的结果。

⑧ 对表中的数据进行更改。动作查询可以通过一次操作对基础表中的多行进行修改。动作查询常用于维护数据，如更新特定字段中的值、追加新数据或删除过时的信息。

做一做

1．使用简单查询向导创建查询，统计各专业学生身高的平均值、最大值和最小值，查询结果如图 3-15 所示。

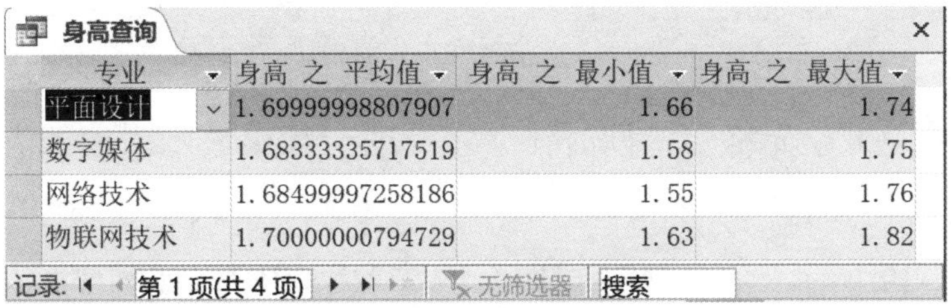

身高查询

专业	身高 之 平均值	身高 之 最小值	身高 之 最大值
平面设计	1.69999998807907	1.66	1.74
数字媒体	1.68333335717519	1.58	1.75
网络技术	1.68499997258186	1.55	1.76
物联网技术	1.70000000794729	1.63	1.82

记录: 第 1 项(共 4 项) 无筛选器 搜索

图 3-15 查询结果

2．创建一个交叉表查询，统计学生所学课程的平均成绩及最高成绩。

任务 2 使用查询设计视图创建查询

使用查询设计视图创建查询是最常用的一种方法，它从一个或多个表中检索数据，可以在查询中使用表格条件，可以对记录进行分组，并对记录进行总计、统计、求平均值等计算。在查询结果中既可以查看基表的数据，也可以对查询结果中的数据进行更新。使用查询设计视图创建查询前，应了解：

查询设计器的构成	表或查询窗格与按示例查询设计窗格的功能
表及字段	查询中使用的表和字段
查询条件	要查询的条件有哪些
结果排序	查询结果是否进行排序

【任务 1】使用查询设计视图创建查询，查询“物联网技术”专业学生的信息，包含“学号”“姓名”“性别”“团员”“专业”“入学成绩”字段信息。

任务分析

使用查询设计视图创建查询，不仅可以选择需要的字段，设置筛选条件，还可以对已有的查询进行修改。本任务的记录源为"学生"表，在查询设计视图中选择"学号""姓名""性别""团员""专业""入学成绩"字段，在"专业"字段中设置筛选条件为"物联网技术"。

任务操作

（1）新建查询。在"创建"选项卡"查询"选项组中，单击"查询设计"按钮，打开查询设计视图，同时弹出"显示表"对话框，如图 3-16 所示。

（2）添加数据环境。在"显示表"对话框中，选择查询所需要的记录源表或已有的查询，并添加到查询设计视图中。例如，将"学生"表添加到查询设计视图中。

💡 提示

在查询设计视图中，如果没有弹出"显示表"对话框，则可在"设计"选项卡"查询设置"选项组中单击"添加表"按钮，即可弹出"显示表"对话框。

（3）设置在查询中使用的字段。在"学生"表字段列表中，将"学号"字段拖放到查询设计网格的第 1 个"字段"单元格中，同时在"表"的一行中显示对应的表。

用同样的方法，将"姓名""性别""团员""专业""入学成绩"字段依次拖放到查询设计网格中，如图 3-17 所示。在添加字段时，应注意字段的添加顺序，在查询结果中，字段的顺序为查询设计网格中字段的顺序。

图 3-16 "显示表"对话框

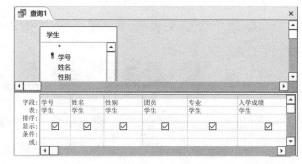

图 3-17 设置查询字段后的查询设计视图

💡 提示

在查询设计网格中添加字段时，可以单击"字段"单元格，从下拉列表中选择需要的字段。如果要输出表的全部字段，则将字段列表中的"*"拖放到"字段"单元格中即可。使用"*"会返回表中的所有字段，但往往有些字段并不是所需要的，如在窗体或报表中不一定使用全部字段，同时也不能控制字段显示的顺序。

（4）设置排序字段。在"入学成绩"列的"排序"单元格中选择"降序"。"显示"单元格中的复选标记表示在查询中是否显示该字段。

（5）在"专业"字段的"条件"单元格中输入"物联网技术"，如图 3-18 所示。

（6）保存所创建的查询，系统弹出提示以询问查询名称，将其命名为"学生信息查询 1"。

（7）单击"设计"选项卡"结果"选项组中的"运行"按钮，运行该查询，查询结果如图 3-19 所示。

图 3-18　查询设计网格

图 3-19　查询结果

从查询结果中可以看出"物联网技术"专业学生的有关信息，并已按"入学成绩"字段进行了降序排列。

【任务 2】创建一个学生成绩查询，查询学生的"学号""姓名""性别""专业""课程号""课程名称""成绩"等字段信息。

任务分析

这是一个有筛选条件的多表查询，因为"学号""姓名""性别""专业""课程号""课程名""成绩"字段分别来自"学生"表、"课程"表和"成绩"表。创建多表查询时，首先要建立各表之间的关系。

任务操作

（1）新建查询，打开查询设计视图和"显示表"对话框，首先分别将"学生"表、"成绩"表和"课程"表添加到查询设计视图中，然后关闭"显示表"对话框。

（2）在查询设计视图中，将"学生"表中的"学号""姓名""性别""专业"字段分别拖放到查询设计网格的前 4 列，将"课程"表中的"课程号""课程名"字段分别拖放到查询设计网格的第 5 列和第 6 列，再将"成绩"表中的"成绩"字段拖放到查询设计网格的第 7 列。多表查询设计视图如图 3-20 所示。

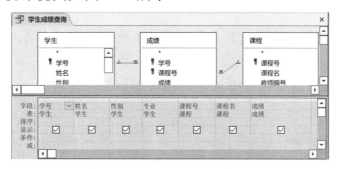

图 3-20　多表查询设计视图

（3）保存所创建的查询，并将其命名为"学生成绩查询"。

（4）单击"设计"选项卡"结果"选项组中的"运行"按钮，运行该查询，多表查询结果如图 3-21 所示。

学号	姓名	性别	专业	课程号	课程名	成绩
20210101	艾丽丝	女	网络技术	DY03	哲学与人生	87
20210101	艾丽丝	女	网络技术	JS01	网络技术基础	85
20210101	艾丽丝	女	网络技术	JS02	网页设计	85
20210101	艾丽丝	女	网络技术	JS03	二维动画	85
20210101	艾丽丝	女	网络技术	JS05	Access数据库基础	92
20210102	李海洋	男	网络技术	DY03	哲学与人生	50
20210102	李海洋	男	网络技术	JS01	网络技术基础	90
20210102	李海洋	男	网络技术	JS02	网页设计	90
20210102	李海洋	男	网络技术	JS03	二维动画	90
20210102	李海洋	男	网络技术	JS05	Access数据库基础	78
20210201	孙菲菲	女	数字媒体	DY03	哲学与人生	90

图 3-21　多表查询结果

无论使用查询向导创建查询，还是使用查询设计视图创建查询，如果对查询的结果不满意，可以重新建立查询，也可以对查询进行修改，包括重置查询字段、改变字段的排列顺序、设置查询条件等，修改查询必须在查询设计视图中进行。

在查询设计视图中修改查询字段，主要内容包括添加字段或删除字段，同时还可以改变字段的排列顺序等。在添加字段时，除了可以逐个添加字段，还可以一次将表或查询中的所有字段添加到查询设计网格中。如果要删除某个字段，则可以在查询设计网格中选择要删除的字段，按【Del】键或单击"删除"按钮，即可将所选的字段删除。在查询设计网格中如果中间有空白列，则查询结果中空白列不显示。

想一想

保存查询时，系统只保存查询的结构而不保存返回的结果，这样有什么好处？

相关知识

查询属性设置

1. 唯一性属性设置

在查询结果中有时有多条相同的查询值，如果只保留其中的一条，则可以设置查询值在输出时的唯一性。例如，查询学校的所有专业，学校设置的专业可以通过"学生"表中的"专业"字段体现出来，在查询设计网格中可以只添加"专业"字段，这种具有重复值的查询结果如图 3-22 所示。

若要使查询结果相同的记录只显示一条，则可以通过设置查询的"唯一值"属性实现。

（1）在查询设计视图中，不勾选"专业"的显示，单击"设计"选项卡"显示/隐藏"选项组中的"属性表"按钮，将"属性表"对话框中的"唯一值"设置为"是"，如图 3-23 所示。

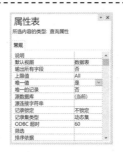

图 3-22 具有重复值的查询结果　　　　　图 3-23 查询结果唯一值设置

（2）单击"设计"选项卡"结果"选项组中的"运行"按钮，运行该查询，唯一值的查询结果如图 3-24 所示。

2. 上/下限值属性设置

在查询结果集中，可以只显示符合上限值或下限值的记录，或者为字段设置条件，以显示符合条件的上限值或下限值的记录。例如，显示"网络技术基础"这门课成绩前 3 名的记录，可以通过设置查询的上限值来实现。

（1）新建查询，将"学生"表、"成绩"表和"课程"表分别添加到数据环境中，在查询设计网格中添加字段，并设置筛选条件，输入"网络技术基础"课程对应的课程号"JS01"，如图 3-25 所示。

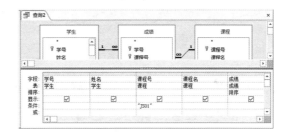

图 3-24 唯一值的查询结果　　　　　图 3-25 查询设计视图

（2）单击"设计"选项卡"显示/隐藏"选项组中的"属性表"按钮，在"属性表"对话框中的"上限值"文本框中输入数值"3"，如图 3-26 所示。

（3）运行该查询，前 3 名的成绩查询结果如图 3-27 所示。

图 3-26 设置"上限值"属性　　　　　图 3-27 前 3 名的成绩查询结果

用同样的方法，还可以设置输出查询结果的百分比，如只输出查询结果前 30% 的记录。

做一做

1．使用查询设计视图创建一个基于"学生"表的信息查询，要求只输出女生的信息。

2．使用查询设计视图创建一个选择查询，要求查询结果中包含学号、姓名、专业、课程号及成绩等信息。

3．修改第2题创建的查询，要求查询结果中包含学号、姓名、专业、课程号、课程名、成绩及任课教师姓名等信息。

4．修改第3题创建的查询，分别按照"专业"字段升序、"成绩"字段降序排序。

任务3 应用查询条件

很多情况下，用户希望使用符合条件的记录。选择条件是从数据库中提取数据应用于数据的筛选规则。通过对查询设置条件，能够更加准确地在数据记录中查询结果。在查询设计视图中的"条件"单元格中输入条件表达式来限制结果中的记录。创建条件查询前，应准备：

查询数据	要从哪些表获取什么样的数据
查询条件	查询的条件有哪些
查询结果	查询结果是否满足需求

任务3.1 使用查询条件

在 Access 中创建条件查询时，通常使用运算符和操作符，常见的运算符有数学运算符、比较运算符、字符串比较运算符、逻辑运算符等，下面介绍几个常见的运算符和操作符的使用方法。

1．比较条件的应用

常用的比较运算符有=（等于）、>（大于）、<（小于）、>=（大于等于）、<=（小于等于）和<>（不等于）。比较运算符用于比较两个表达式的值，比较的结果为 True、False 或 Null。当无法对表达式求值时，将返回 Null。

【任务1】以"学生成绩查询"为记录源，创建一个条件查询，查询成绩低于70分的学生信息。

任务分析

这是一个条件查询，查询条件为成绩低于70分，记录源为"学生成绩查询"，在查询设计视图的"成绩"字段的"条件"单元格中输入条件"<70"。

任务操作

（1）新建查询，打开查询设计视图，在"显示表"对话框中选择"查询"选项卡，添加"学生成绩查询"查询。

（2）将"学生成绩查询"的全部字段依次拖放到查询设计网格中。

（3）在"成绩"列的"条件"单元格中输入"<70"，如图 3-28 所示。

图 3-28　设置查询条件

（4）单击"设计"选项卡"结果"选项组中的"运行"按钮，运行该查询，查询结果如图 3-29 所示。

图 3-29　条件查询结果

提示

对于比较运算表达式，Access 实际上会返回一个数值，–1 表示 True，0 表示 False。如果方程式的任何一侧为 Null 值，则结果为 Null。如果条件中的任何一侧为 Null 值，则结果始终为 Null。

想一想

上述任务中，如果不以已创建的查询作为记录源，而以"学生"表、"课程"表、"成绩"表作为查询记录源，将如何操作？

2．逻辑条件的应用

常用的逻辑运算符有 And（逻辑与）、Or（逻辑或）、Not（逻辑非）、Xor（逻辑异或）、Eqv（逻辑等价）等。在查询条件中可以使用逻辑运算符连接条件表达式。例如，在表示成绩时，">70 And <90"表示高于 70 分并且低于 90 分的成绩；"<70 Or >90"表示低于 70 分或高于 90 分的成绩；"Not >70"表示不高于 70 分的成绩。

【任务 2】创建一个查询，查询"课程名"为"哲学与人生"的课程成绩大于等于 80 分的记录，并显示"学号""姓名""课程名""课程号""成绩"字段。

任务分析

这是一个包含两个条件的查询，分别满足课程是"哲学与人生"和成绩大于等于80分，需要在查询设计视图的"课程号"和"成绩"字段的"条件"单元格中分别设置条件，并且添加在查询设计网格的同一行中。

任务操作

（1）新建查询，打开查询设计视图和"显示表"对话框，首先分别将"学生"表、"成绩"表和"课程"表添加到查询设计视图中，然后关闭"显示表"对话框。

（2）在查询设计视图中，将"学生"表中的"学号"和"姓名"字段，"课程"表中的"课程名"字段，以及"成绩"表中的"课程号""成绩"字段分别添加到查询设计网格中。

（3）在"课程名"字段的"条件"单元格中输入"哲学与人生"，并将该字段"显示"单元格中复选框的选中状态取消；在"成绩"字段的"条件"单元格中输入">=80"，如图 3-30 所示。

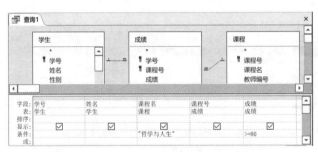

图 3-30　两个逻辑条件的查询

（4）单击"设计"选项卡"结果"选项组中的"运行"按钮，运行该查询，查询结果如图 3-31 所示。

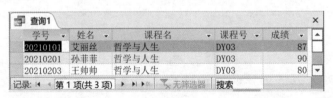

图 3-31　两个逻辑条件的查询结果

在上述查询设计网格中，查询条件"哲学与人生"和">=80"在同一行，表示两个条件为"逻辑与"的关系，相当于逻辑表达式"课程名="哲学与人生" And 成绩>=80"。

想一想

在【任务 2】的查询设计网格中，如果将">=80"写在下一行，则结果如何？

3．Between 操作符的应用

Between 操作符用于确定某个表达式的值是否在指定值的范围内。在 Access 查询中使用

Between 操作符时，应按照以下语法格式输入。

```
[<表达式>] Between <起始值> And <终止值>
```

例如，表示成绩在 70 分至 90 分之间，用 Between 操作符表示为"Between 70 And 90"，用逻辑表达式表示为">=70 And <=90"。

如果使用 Between 操作符在字段的"条件"单元格中输入条件表达式处输入"条件"常量，则数字不使用定界符，字符串类型常量使用引号作为定界符，日期类型常量使用"#"作为定界符。

【任务3】在"学生"表中查询 2007 年出生的学生信息。

任务分析

该查询条件可以使用 Between 操作符，2007 年出生，用 Between 操作符表达式表示为"Between #2007-1-1# And #2007-12-31#"，将该表达式添加在"出生日期"字段的"条件"单元格中。

任务操作

（1）新建查询，打开查询设计视图，在查询设计视图中添加"学生"表。

（2）将"学号""姓名""性别""出生日期""专业"依次拖放到查询设计网格中。

（3）在"出生日期"列的"条件"单元格中输入"Between #2007-1-1# And #2007-12-31#"，如图 3-32 所示。

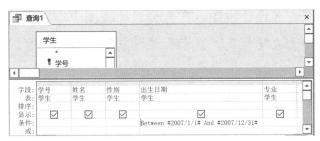

图 3-32　使用 Between 操作符的查询设计视图

（4）单击"设计"选项卡"结果"选项组中的"运行"按钮，运行该查询，查询结果如图 3-33 所示。

图 3-33　查询结果

如果上述条件"Between #2007-1-1# And #2007-12-31#"使用比较运算符，则可以替换为">= #2007-1-1# And <= #2007-12-31#"。

4．In 操作符的应用

In 操作符用于确定某个表达式的值是否与列表中的任何一个值相等。In 操作符的语法格式如下。

```
<表达式> In (表达式 1，表达式 2，…)
```

如果在列表中找到表达式的值，则结果为 True，否则，结果为 False。

例如，In("电子商务","导游服务","数字媒体")，其含义是找出专业是"电子商务""导游服务""数字媒体"的记录，所以它与下列条件表达式含义相同。

```
"电子商务" Or "导游服务" Or "数字媒体"
```

在字段的"条件"单元格中输入条件时，条件必须与表达式的数据类型相同，各表达式列表之间用逗号分隔。如果满足表达式列表中任意一个表达式的值，则相应的记录将包含在查询结果中。

【任务 4】创建一个查询，在"学生"表中检索学生为"李""孙""赵"姓的记录。

任务分析

在条件表达式中使用 In 操作符，表达式列表的个数一般是有限的，该任务的 In 表达式为"Left([姓名],1) In ("李","孙","赵")"，其中，Left([姓名],1)表示从"姓名"字段左侧取出字符串，即"姓名"中的"赵"姓、"李"姓等。

任务操作

（1）新建查询，打开查询设计视图，在查询设计视图中添加"学生"表。

（2）将"学生"表中的"学号""姓名""性别""专业"字段依次拖放到查询设计网格中。

（3）在查询设计网格中，单击"姓名"字段的"条件"单元格，输入条件表达式"Left([姓名],1) In ("李","孙","赵")"，如图 3-34 所示。

（4）单击"设计"选项卡"结果"选项组中的"运行"按钮，运行查询，查询结果如图 3-35 所示。

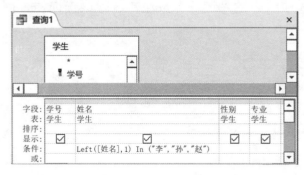

图 3-34　使用 In 操作符的查询设计网格

图 3-35　查询结果

5．Like 操作符和通配符的应用

Like 操作符用于确定一个表达式的值是否与给定的模式相匹配，模式是由普通字符和通配符组成的一种特殊字符串。在查询中使用 Like 操作符和通配符，可以搜索部分匹配或完全匹配的内容。使用 Like 操作符的语法规则如下。

```
[<表达式>] Like <模式>
```

在上面的语法格式中，<模式>由普通字符和通配符*、?、#等组成，通配符表示任意的字符串，主要用于文本类型。

【任务 5】使用 Like 操作符创建一个查询，在"学生"表中检索"李""孙""赵"姓学生的记录。

任务分析

在【任务 4】中使用了 In 操作符，除此之外，还可以单独使用 Like 操作符，如 Like "[李孙赵]*"，其中"*"为通配符，表示替代多个字符，文本表达在(" ")中引号使用方括号([ ])。

任务操作

（1）新建查询，打开查询设计视图，在查询设计视图中添加"学生"表。

（2）将"学生"表中的"学号""姓名""出生日期""专业"字段依次拖放到查询设计网格中。

（3）在"姓名"字段的"条件"单元格中输入"Like "[李孙赵]*"，其中，[]表示方括号内的任意一个字符，如图 3-36 所示。

图 3-36　使用 Like 操作符的查询设计网格

（4）单击"设计"选项卡"结果"选项组中的"运行"按钮，查询结果如图 3-33 所示。上述条件中的"[李孙赵]*"在"姓名"字段中表示李*、孙*、赵*。

6．IIf()函数的应用

IIf()函数是 Access 提供的内置函数，可用于数值比较、验证及条件求值等，根据测试的结果进行不同的输出，其语法规则为：

```
IIf(<逻辑表达式>,值 A,值 B)
```

其含义是根据<逻辑表达式>的值，返回 IIf()结果。<逻辑表达式>是必须项，不能省略；当<逻辑表达式>的值为 True 时，IIf()返回"值 A"，否则返回"值 B"。

【任务 6】输出显示 2022 级每位学生的成绩，根据"成绩"表的成绩，显示判定结果：成

绩在 60 分及以上显示"合格"，否则显示"不合格"。

任务分析

本任务根据成绩字段值进行判断结果的输出：IIf([成绩]>=60,"合格","不合格")。

任务操作

（1）新建查询，打开查询设计视图，在查询设计视图中分别添加"学生"表、"成绩"表和"课程"表。

（2）将"学生"表中的"学号""姓名""专业"字段、"成绩"表中的"课程号""成绩"字段及"课程"表中的"课程名"字段依次拖放到查询设计网格中。

（3）在查询设计网格中的"字段"行添加计算字段"评价:IIf([成绩]>=60,"合格","不合格")"。

（4）在查询设计网格中的"条件"行的"学号"字段列中添加条件"Like"2022*""，如图 3-37 所示。

图 3-37　使用 IIf()函数的查询设计网格

（5）单击"设计"选项卡"结果"选项组中的"运行"按钮，查询结果如图 3-38 所示。

图 3-38　查询结果

上述运行结果中，2022 级且成绩低于 60 分的学生在评价列输出"不合格"。

相关知识

Access 中运算符和操作符的使用

表达式是许多 Access 运算的基本组成部分。表达式是可以生成结果的符号的组合，这些符号包括标识符、运算符和值。其中，运算符是一个标记或符号，用于指定表达式内执行计算的类型，包括算术运算符、比较运算符、逻辑运算符和引用运算符等。Access 提供了多种类型的运算符和操作符用来创建表达式。

1. 算术运算符

算术运算符包括+（加）、−（减）、＊（乘）、/（除）、\（两个数相除并返回整数部分）、^（乘方）、Mod（取模）等。Access 中的运算法则与算数中的运算法则相同。

2. 比较运算符

比较运算符包括<（小于）、<=（小于等于）、>（大于）、>=（大于等于）、=（等于）、<>（不等于），用于比较运算，结果为 True、False 或 Null。Access 在大多数情况下是不区分大小写的。例如，在比较字符串时，CAR、Car 和 car 对于 Access 来说是相同的。

3. 逻辑运算符

逻辑运算的结果只有 True 或 False 两种。逻辑运算符及其含义如表 3-1 所示。

表 3-1　逻辑运算符及其含义

运　算　符	含　义	解　　释
And	逻辑与	当两个条件都满足时，结果为 True
Or	逻辑或	满足两个条件之一时，结果为 True
Not	逻辑非	对一个逻辑量做"否"运算
Xor	逻辑异或	两个逻辑式的值不同时，结果为 True
Eqv	逻辑等价	两个逻辑式的值都为 True 或都为 False 时，结果为 True

4. 连接运算符

连接运算符（&）用于合并字符串，可以将两个或多个字符串合并为一个字符串。例如，表达式""中国"&"北京""，其结果为"中国北京"。

5. ！和 .（点）运算符

在标识符中使用！和 . 运算符可以指出随后出现的项目类型。

（1）！运算符。！运算符指出随后出现的是用户定义项（集合中的一个元素）。使用！运算符可以引用一个打开着的窗体、报表，或者打开着的窗体或报表上的控件。例如，"Forms![订单]"表示引用已打开的"订单"窗体。

（2）.（点）运算符。. 运算符通常指出随后出现的是 Access 定义的项。使用 . 运算符可以引用窗体、报表或控件的属性。另外，还可以使用 . 运算符引用 SQL 语句中的字段值、VBA 方法或某个集合。例如，"Reports![订单]![单位].Visible"表示"订单"报表上"单位"控件的 Visible 属性。

6. 其他操作符

使用 Between、Is、Like 操作符可以简化查询选择中表达式的创建，这些特殊操作符及其含义如表 3-2 所示。

表 3-2　特殊操作符及其含义

操 作 符	含 义	示 例
Between …And	用于测试一个数字值或日期值是否位于指定的范围内	Between #2014-01-01# And #2014-12-31#
Is	将一个字段与一个常量或字段值相比较，相同时为"真"	Is Null
Like	比较两个字符串是否相等	Like "S*"

在 Access 中，Like 通常与*、?、#等通配符一起使用，可以使用通配符作为其他字符的占位符，通常在知道要查找的部分内容，或者要查找以指定字母开头或符合某种模式的内容时使用通配符，其中?表示位于表达式中的?相同位置的任意单个字符；*代表所在位置任意个数的字符；#表示通配#位置的单个数字字符。例如，Like "南京路##号"，表示的地址是"南京路 10-99 号"。与 Like 操作符相反的是 Not Like 操作符。例如，"Not Like "网络技术""，查询网络技术以外的专业，返回结果为 True。

任务 3.2　聚合查询

聚合查询也称分组查询，用于快速分组和汇总数据。使用选择查询只能检索显示在记录源中的记录，而使用聚合查询则可以对数据进行汇总计算，包括合计、计数、计算平均值、计算最大值、计算最小值等。

【任务 1】创建一个查询，统计课程号为"SX01"的课程的平均成绩、最高成绩和最低成绩。

任务分析

Access 提供了内置的聚合函数，可以分别用于计算平均成绩、最高成绩和最低成绩。

任务操作

（1）使用查询设计视图创建一个查询，在查询设计视图中分别添加"课程"表和"成绩"表，将"课程"表中的"课程号"和"课程名"字段、"成绩"表中的"成绩"字段依次拖放到查询设计网格的"字段"单元格中，"成绩"字段拖放三次，分别添加在三个单元格中。

（2）单击"设计"选项卡"显示/隐藏"选项组中的"汇总"按钮 Σ，自动添加一个"总计"行，同时将各字段的"总计"单元格设置为"Group By"（分组）。

（3）在"课程号"字段的"条件"单元格中输入"SX01"，单击第一个"成绩"字段的"总计"单元格的下拉按钮，在下拉列表中选择"平均值"。用同样的方法，将第二个"成绩"字段的"总计"单元格选择为"最大值"，将第三个"成绩"字段的"总计"单元格选择为"最小值"，如图 3-39 所示。

（4）运行查询，查询结果如图 3-40 所示，保存该查询，并将其命名为"成绩汇总"。

在设计聚合查询时，如果不指定计算结果的列标题，则系统自动根据"总计"行的汇总方式给出列标题，如"成绩之平均值""成绩之最大值""成绩之最小值"等。如果用户自己命名列标题，则可以在"字段"行输入表达式，后接一个冒号（半角），再加参与汇总的字段名，如"平均成绩:成绩"，如图 3-41 所示，查询结果如图 3-42 所示。

图 3-39　聚合查询设计视图　　　　　　　　　　图 3-40　查询结果

图 3-41　自定义列标题　　　　　　　　　　图 3-42　查询结果

【任务 2】创建一个查询，统计每门课程的平均成绩、最高成绩和最低成绩，将平均成绩保留两位小数，并按照平均成绩降序排列。

任务分析

在该聚合查询中，需要按照课程进行分组，分组时将课程字段值相同的记录分为一组，然后对每一组的记录进行求平均值、最高值和最低值。

任务操作

（1）创建查询，在查询设计视图中分别添加"课程"表和"成绩"表，将"课程"表中的"课程号"和"课程名"字段、"成绩"表中的"成绩"字段依次拖放到查询设计网格的"字段"单元格中，共添加三个"成绩"字段。

（2）单击"设计"选项卡"显示/隐藏"选项组中的"汇总"按钮 Σ，自动添加一个"总计"行。

（3）在三个"成绩"字段的"Group By"单元格中，依次选择"平均值""最大值""最小值"，并按"平均值"降序排列。

（4）在三个"成绩"字段的"字段"单元格中，依次输入"平均成绩:成绩""最高成绩:

成绩""最低成绩:成绩",如图 3-43 所示。

图 3-43　各门课程平均成绩设计视图

（5）单击"平均成绩:成绩"字段，单击"设计"选项卡"显示/隐藏"选项组中的"属性表"按钮，弹出"属性表"对话框，设置"成绩"字段的"格式"为"标准"，"小数位数"为"2"，如图 3-44 所示。

（6）运行该查询，查询结果如图 3-45 所示，保存该查询，并将其命名为"各科成绩汇总"。

图 3-44　设置平均成绩字段属性

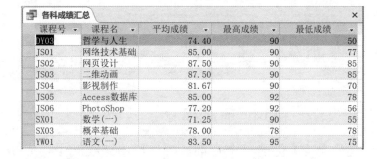

图 3-45　查询结果

相关知识

聚合函数的应用

Access 查询使用聚合函数，简化了数据汇总的过程。可以在查询设计视图的"总计"下拉列表中选择一种聚合函数，如图 3-46 所示，了解各个聚合函数的功能，并对数据结果进行分析。

图 3-46　聚合函数选项

表 3-3 列出了 Access 提供的聚合函数及其功能。

表 3-3 聚合函数及其功能

聚合函数	功 能
Group By	对记录进行分组，将各组中的指定字段的所有记录聚合成一组
合计	计算指定字段中所有记录的合计值，适用的数据类型为数字、货币、日期/时间等
平均值	计算指定字段中所有记录的平均值，适用的数据类型为数字、货币、日期/时间等
最小值	返回字段的最小值，适用的数据类型为数字、货币、日期/时间等
最大值	返回字段的最大值，适用的数据类型为数字、货币、日期/时间等
计数	统计字段中非空值的记录数
StDev（标准差）	计算记录字段的标准偏差，适用的数据类型为数字、货币、日期/时间等
变量	计算记录字段的方差，适用的数据类型为数字、货币、日期/时间等
First	返回表中第一条记录的字段值
Last	返回表中最后一条记录的字段值
Expression	在聚合查询中利用自定义计算或其他函数时应用条件
Where	对未包含在聚合函数查询中的一个字段应用条件

做一做

1．在"学生"表中检索全部男生的记录。

2．在"学生"表中检索"孙"姓或"李"姓学生的有关信息。

3．创建一个查询，统计"网页设计"课程成绩高于 80 分的学生信息。

4．创建一个查询，统计每个专业的学生的平均入学成绩。

5．分别统计"学生"表中的男生和女生人数。

任务 4 创建参数查询

当运行查询时，以每次输入的数据作为查询条件进行查询，这时可以创建参数查询。因此，参数查询是一种交互查询，可以将参数查询看作运行时允许输入可变条件的选择查询。创建参数查询前，应准备：

查询数据	要获取什么样的数据
查询条件	确定参数变量
查询结果	输入不同的参数，结果是否满足需求

任务 4.1 创建单个参数查询

【任务】创建一个查询，每次运行该查询时，根据提示输入要查找的学生姓名，检索该学生的基本信息。

任务分析

该查询是一个参数查询，设置学生的姓名作为参数，每次运行时输入要查询的学生姓名，以查询不同的学生。参数查询应设置提示信息，提示信息两侧必须加上[ ]（方括号）。

任务操作

（1）新建查询，打开查询设计视图，在"显示表"对话框中将"学生"表添加到数据环境中。

（2）分别将"学生"表中的"学号""姓名""性别""出生日期""专业"字段拖放到查询设计网格的"字段"单元格中。

（3）在"姓名"字段的"条件"单元格中，输入提示文本信息"[输入要查找的学生姓名：]"，如图3-47所示。

图 3-47　带参数的查询设计视图网格

（4）运行该查询，弹出如图3-48所示的"输入参数值"对话框，在文本框中输入"艾丽丝"，查询结果如图3-49所示。

图 3-48　"输入参数值"对话框　　　　　　　　图 3-49　查询结果

（5）保存该查询，并将其命名为"单个参数查询"。

从查询运行结果可以看出，筛选出了姓名为"艾丽丝"的相关信息。每次运行该查询时可以输入不同的姓名，以查询相关的学生信息。

上述任务设置参数查询时，在"条件"单元格中输入查询提示信息"[输入要查找的学生姓名：]"，提示信息两侧必须加上方括号，如果不加方括号，则在运行查询时，系统会将提示信息当作查询条件。

任务 4.2　创建多个参数查询

在数据查询时，有时需要根据多个条件进行查询，这些条件在每次运行查询时，根据用户输入两个或两个以上的参数值进行查询，这就需要创建多个参数的查询。

【任务】创建参数查询，每次运行时，查询入学成绩在某个数值范围内的相关学生信息。

任务分析

该查询可以设置"入学成绩"作为参数，运行查询时输入"入学成绩 1"和"入学成绩 2"，根据输入的数值进行检索，该条件设置为"Between [入学成绩起始值] And [入学成绩终止值]"。

任务操作

（1）新建查询，打开查询设计视图，在"显示表"对话框中将"学生"表添加到数据环境中。

（2）分别将"学生"表中的"学号""姓名""性别""专业""入学成绩"字段拖放到查询设计网格的"字段"单元格中。

（3）在"入学成绩"字段的"条件"单元格中输入"Between [入学成绩起始值] And [入学成绩终止值]"，如图 3-50 所示。

图 3-50 多参数查询设计视图网格

（4）运行该查询，弹出"输入参数值"提示对话框，在文本框中分别输入"入学成绩起始值"和"入学成绩终止值"。例如，查询入学成绩在 300～400 分之间的学生信息，如图 3-51、图 3-52 所示。

图 3-51 输入第 1 个参数

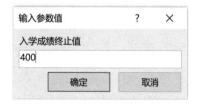

图 3-52 输入第 2 个参数

（5）查询结果如图 3-53 所示，保存该查询，并将其命名为"两个参数查询"。

图 3-53 查询结果

使用参数查询可以实现模糊查询，在作为参数的每个字段的"条件"单元格中输入条件表达式，并在方括号内输入相应的提示信息。例如：

① 查询大于某数值："> [输入大于该数值：]"。

② 表示以某字符（汉字）开头："Like [查找开头的字符或汉字：] & "*""。

③ 表示包含某字符（汉字）： "Like "*"& [查找包含的字符（汉字）：] & "*""。

④ 表示以某字符（汉字）结尾："Like "*" & [查找文中结尾的字符（汉字）：]"。

想一想

在"学生"表中查询入学成绩在某一范围内，并且是某专业的学生信息，该多参数查询在查询设计视图中如何设置？

相关知识

参数查询的基本规则

Access 参数查询也有自己的一组基本规则，要正确使用它们，必须遵循下列规则。

① 必须用方括号将参数括起来，否则系统会自动将文本转换为文字字符串。

② 不要使用某个字段的名称作为参数，否则系统会将参数替换为该字段的当前值。

③ 不能在参数的提示文本中使用点（.）、感叹号（!）、方括号（[ ]）或逻辑与符号（&）。

④ 限制参数提示文本的字符数。输入参数提示文本过长可能导致提示在"输入参数值"对话框中被截断。此外，还应使提示尽可能简洁明了。

做一做

1. 创建参数查询，在"学生"表中查找某个专业的学生信息。

2. 创建参数查询，在"学生"表中查找姓名中包含某个汉字的学生信息。

3. 创建参数查询，查找某门课程中某分数段的学生信息。

任务5　操作查询

在对数据进行分析时，除了可以完成数据查询任务，还可以完成的任务包括生成数据、更改数据、删除数据及更新数据。为处理这些任务，系统提供了动作查询作为数据分析工具。操作查询包括生成表查询、更新查询、追加查询和删除查询 4 种类型，每种查询类型都执行唯一的动作。与选择查询不同，操作查询不能作为窗体或报表的记录源，因为它们不会返回可以读取的数据集。操作查询前，应准备：

查询需求	要获取什么样的查询结果
查询类型	从操作查询中选择一种类型
查询结果	验证查询结果是否满足要求

任务 5.1 生成表查询

生成表查询可以根据一个或多个表中的全部或部分数据新建一个表。创建的新表可用包含基表的全部或部分字段及全部或部分记录。创建新表后，可以在其他分析过程中使用该新表。

【任务】将"学生"表中 2022 级学生的相关信息导出，结果存放在"2022 学生"表中。

任务分析

该操作要求筛选出 2022 级学生的记录信息，并将其保存到一个新表中，这是生成表查询，"2022 级"可以从"学号"字段值的前 4 位获取，其条件可以表述为"Like "2022*""。

任务操作

（1）新建查询，打开查询设计视图，在"显示表"对话框中将"学生"表添加到数据环境中，然后将"学生"表中的字段分别添加到查询设计网格中，并在"学号"字段的"条件"单元格中输入筛选条件"Like "2022*""，如图 3-54 所示，切换到数据表视图，查看查询结果。

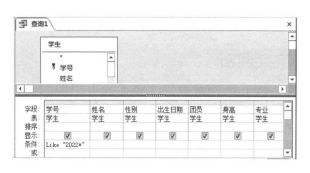

图 3-54 查询设计网格

（2）单击"设计"选项卡"查询类型"选项组中的"生成表"按钮，弹出"生成表"对话框，如图 3-55 所示，输入新表的名称"2022学生"，将新生成的表保存在当前数据库中。

（3）单击"确定"按钮，返回查询设计视图，单击"设计"选项卡"结果"选项组中的"运行"按钮，运行该查询，弹出创建新表提示信息，如图 3-56 所示。

图 3-55 "生成表"对话框

图 3-56 创建新表提示信息

（4）单击"是"按钮，创建新表。

在导航窗格中选择并打开新生成的"2022 学生"表，可以查看新生成的表的记录。

新生成的表的名称，不要与现有的表重名，以免覆盖现有的表。

提示

生成表查询生成表中的数据不会链接到其记录源，也就是说，当原始表中的数据发生更新时，新表中的数据不会随之更新。

在生成表中不能使用多值字段。

任务 5.2　更新查询

使用更新查询可以对一个或多个表中的一组记录进行更新。在更新查询中，如果没有设置限制条件，则对全部记录进行更新；如果设置了限制条件，则对符合条件的记录进行更新。

【任务】 将"2022 学生"表中原有的专业名称"网络技术"更改为"网络信息安全"。

任务分析

这是一个更新查询，对表中专业为"网络技术"的记录进行批量修改。

任务操作

（1）新建查询，打开查询设计视图，将"2022 学生"表添加到数据环境中，然后将该表的"专业"字段添加到查询设计网格中。

（2）单击"设计"选项卡"查询类型"选项组中的"更新"按钮，在查询设计网格中添加"更新到"行，将选择查询转换为更新查询。

（3）在"专业"字段的"条件"单元格中输入""网络技术""，在"更新为"单元格中输入"网络信息安全"，如图 3-57 所示。

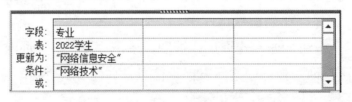

图 3-57　更新查询设计网格

（4）单击"设计"选项卡"结果"选项组中的"运行"按钮，系统弹出更新提示对话框，单击"是"按钮，系统对"2022 学生"表中符合条件的记录进行更新。

（5）打开"2022 学生"表，切换到数据表视图，观察到原来的专业名称"网络技术"更改为"网络信息安全"。

提示

使用更新查询，在对数字等类型的字段进行更新时，每执行一次更新查询，数据表中的数据被更新一次，如果连续执行多次更新查询，则表中数据可能被多次更新。例如，在“成绩”表中执行更新条件“[成绩]+10”后，每执行一次查询成绩就增加 10 分，这可能会造成数据错误。

任务 5.3　追加查询

追加查询将一个或多个表中的一组记录添加到一个或多个表的末尾。例如，学期期末成绩汇总时，可以将不同教师任教学科的成绩分别追加到“成绩”表中。

【任务】创建追加查询，将“202201”表中的记录追加到“成绩”表中，“202201”表记录如图 3-58 所示。

学号	课程号	成绩
20220101	JS03	85
20220102	JS03	90
20220201	JS05	82
20220202	JS05	78
20220203	JS05	92

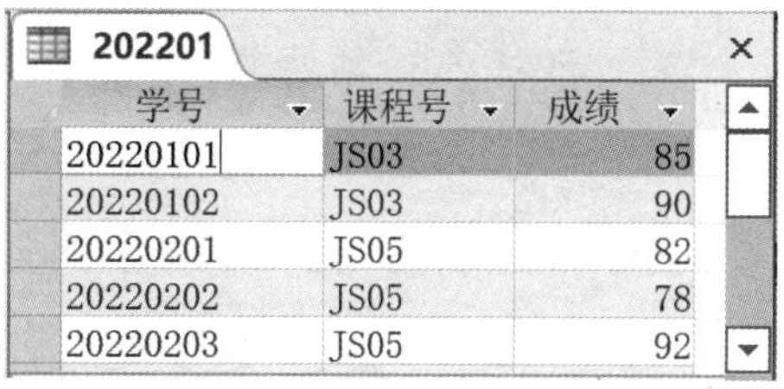

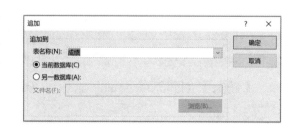

图 3-58　“202201”表记录

任务分析

利用追加查询可以将查询的结果追加到一个目标表中，本任务中的目标表是“成绩”表，记录源表为“202201”表，目标表中要含有与记录源表相同属性的字段，才可能追加成功。

任务操作

（1）新建查询，打开查询设计视图，将“202201”表添加到数据环境中，然后将该表的所有字段分别添加到查询设计网格中。

（2）单击“查询设计”选项卡“查询类型”选项组中的“追加”按钮，弹出“追加”对话框，在“表名称”中选择“成绩”，如图 3-59 所示，单击“确定”按钮。

图 3-59　“追加”对话框

（3）在查询设计视图中添加“追加到”行，并在该行中显示要追加到表中的所有字段，如图 3-60 所示。

字段:	学号	课程号	成绩
表:	202201	202201	202201
排序:			
追加到:	学号	课程号	成绩
条件:			
或:			

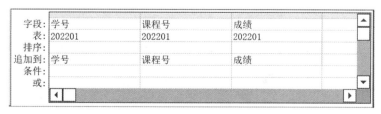

图 3-60　追加查询设计网格

图 3-61　追加查询提示对话框

（4）单击"设计"选项卡"结果"选项组中的"运行"按钮，弹出如图 3-61 所示的追加查询提示对话框，单击"是"按钮，系统自动将全部记录追加到"成绩"表中。

如果追加的表中没有设置主关键字字段，或者追加不重复的记录，可以执行多次追加查询操作，但要注意出现目标表中数据重复的情况，追加查询执行后无法撤销。

提示

应用追加查询时应注意以下事项。

① 目标表必须存在。

② 记录源表字段类型与目标表字段类型要匹配。

③ 目标表若有主关键字字段，则该字段新追加的部分不能为空或出现重复值。

④ 不能追加与该表有重复内容的"自动编号"类型字段的记录。

⑤ 避免多次运行同一追加查询。

⑥ 不能违反验证规则。如果违反验证规则，系统将给出不能追加记录的信息。例如，如果目标表字段设置"必需"为"是"，并且查询未提供其数据，则将收到错误信息；如果目标表字段设置"允许空字符串"为"否"，并且查询未将任何字符追加到此类字段中，则将收到错误信息。违反其他验证规则也可能导致该问题，如对"数量"字段具有以下验证规则：>=100，在此情况下，无法追加数量小于 100 的记录。

任务 5.4　删除查询

如果要从表中删除一条或多条记录，则可以建立删除查询。例如，可以使用删除查询来删除某些空白记录、不再需要的记录或删除表中所有记录。

【任务】创建删除查询，删除"2022 学生"表中专业为"网络信息安全"的记录。

任务分析

删除记录前应首先确定删除条件，该任务的条件是专业为"网络信息安全"。

任务操作

（1）新建查询，打开查询设计视图，将"2022 学生"表添加到数据环境中，然后将该表的"2022 学生.*"和"专业"字段添加到查询设计网格中。

（2）单击"设计"选项卡"查询类型"选项组中的"删除"按钮，在查询设计网格中添加"删除"行。在"专业"字段的"条件"单元格中输入""网络信息安全""，如图 3-62 所示。

图 3-62　添加删除查询设计网格

（3）单击"设计"选项卡"结果"选项组中的"运行"按钮，弹出如图 3-63 所示的删除查询提示对话框，单击"是"按钮，系统自动删除符合条件的记录。

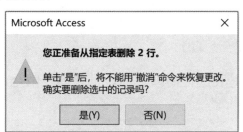

图 3-63　删除查询提示对话框

打开"2022 学生"表，可以看到"网络信息安全"专业的两条记录已被删除。

删除查询在删除记录时，如果启用表的级联删除，则可以从单个表、一对一关系的表或一对多关系的多个表中删除相关联的记录。

与其他操作查询一样，不能撤销删除查询的结果。一旦删除了某些不应该删除的数据，便无法恢复。因此，删除之前应首先对数据库进行备份。

🕮 提示

应用删除查询可以执行下列操作之一，避免出现致命错误。

① 运行删除查询前先运行选择查询，以显示将要删除的记录，检查无误后，运行删除查询。

② 运行选择查询以显示将要删除的记录，先将该查询更改为生成表查询，运行该生成表查询对将要删除的数据备份，再运行删除查询删除记录。

③ 运行删除查询之前，对数据库进行备份。

📖 做一做

1．创建生成表查询，将"学生"表中"网络技术"专业的学生复制到一个新表中。

2．创建更新查询，将"成绩"表中"2021"级课程号为"DY03"的成绩增加 5 分。

3．创建追加查询，将"新增课程"表中的所有记录追加到"课程"表中，要求"新增课程"表与"课程"表结构相同。

4．创建删除查询，运行该查询时，在"2022 学生"表中根据输入的姓名查找并删除该记录。

任务 6　SELECT 查询

结构化查询语言（Structured Query Language，SQL）是基于关系代数运算的一种关系数据查询语言。它功能丰富、语言简洁、使用方便，已成为关系数据库的标准语言。SQL 的核心是查询，SELECT 是 SQL 的一条用于查询的语句。

任务 6.1　简单查询

使用 SELECT 语句可以对表进行简单查询，以查询表中全部或部分记录，格式如下。

```
SELECT [DISTINCT]
<查询项 1> [AS <列标题 1>] [,<查询项 2> [AS <列标题 2>]…]  FROM <表名>
```

说明：

（1）该语句的功能是从表中查询满足条件的记录。

（2）FROM <表名>。表名是要查询数据的表文件名，可以同时查询多个表中的数据。多数情况下，SELECT 语句要与 FROM 子句结合使用。

（3）<查询项>。查询项指要查询输出的内容，可以是字段名或表达式，还可以使用通配符"*"。通配符"*"表示表中的全部字段。如果有多项，则各项之间用逗号间隔。如果是别名表的字段名，则需要在该字段名前加<别名>。

（4）AS <列标题>。列标题是指为查询项指定显示的列标题，如果省略该项，则系统自动给定一个列标题。

（5）DISTINCT。该选项是指在查询结果中，重复的查询记录只出现一条。

【任务 1】在"成绩管理"数据库中，使用 SELECT 语句查询并显示"学生"表中全部记录的"学号""姓名""性别""出生日期""专业"字段内容。

任务分析

使用 SELECT 语句查询，大多数情况下与 FROM 子句结合使用，FROM 子句用于标识构成记录源的表，本任务中记录源表为"学生"表，查询显示"学号""姓名"等 5 个字段内容。

任务操作

（1）打开"成绩管理"数据库，新建查询，打开查询设计视图，不添加表或查询，单击"设计"选项卡"结果"选项组中的"SQL 视图"按钮，出现 SQL 视图窗口。

（2）在 SQL 视图窗口中输入 SELECT 语句，如图 3-64 所示。

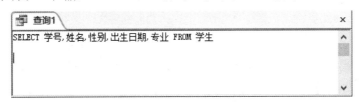

图 3-64　SELECT 语句

（3）单击“设计”选项卡“结果”选项组中的“运行”按钮，查询结果如图 3-65 所示。

学号	姓名	性别	出生日期	专业
20210101	艾丽丝	女	2006/6/18	网络技术
20210102	李海洋	男	2006/3/25	网络技术
20210201	孙菲菲	女	2005/12/20	数字媒体
20210202	赵　磊	男	2005/10/23	数字媒体
20210203	王帅帅	男	2006/5/20	数字媒体
20220101	张婷婷	女	2005/9/20	物联网技术

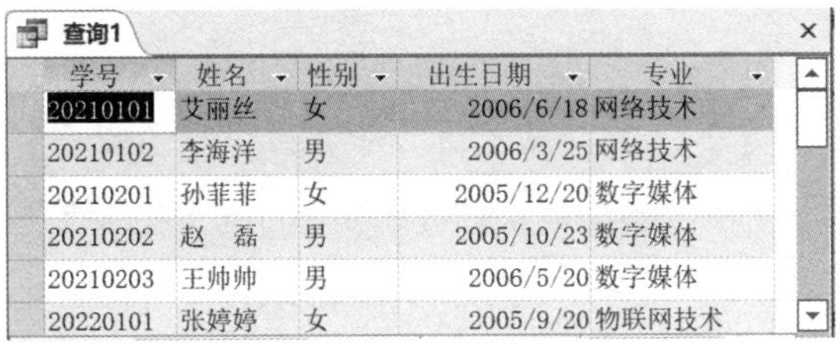

图 3-65　查询结果

查询输出表的全部记录，输出字段的排列顺序由语句中查询项排列顺序决定。

如果使用 SELECT 语句查询并输出表中的全部字段，除了可以在语句中将全部字段名逐一列举出来，还可以用通配符“*”表示表中的全部字段。

想一想

如果直接运行“SELECT 专业 FROM 学生”，结果会如何？

例如，在 SQL 视图窗口中输入语句：

```
SELECT * FROM 学生
```

执行结果是将“学生”表中记录的全部字段输出，与该表的数据表视图浏览结果相同。

【任务 2】从“学生”表中查询全部不同的专业名称，相同名称的只输出一条。

任务分析

查询结果中包含全部不同的专业，也就是不同的记录，要在“学生”表中进行查询，只输出专业即可，这样在 SELECT 语句中使用 DISTINCT 选项，该选项可以过滤掉相同的查询结果。

任务操作

在 SQL 视图窗口中输入语句：

```
SELECT DISTINCT 专业 FROM 学生
```

查询结果如图 3-66 所示。

图 3-66　查询不同的专业结果

每条 SELECT 语句只能使用一个 DISTINCT 选项。

【任务 3】统计全部学生的平均身高、最高身高、最低身高

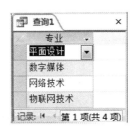

和平均年龄。

任务分析

计算平均身高、最高身高、最低身高和平均年龄，需要分别使用统计函数 Avg([身高])、Max([身高])、Min([身高])和 Avg(Year(Date())-Year([出生日期]))，其中字段名用"[ ]"引起来，数据来源于"学生"表。

任务操作

在 SQL 视图窗口中输入语句：

```
SELECT Avg([身高]) AS 平均身高, Max([身高]) AS 最高身高, Min([身高])
AS 最低身高,Avg(Year(Date())-Year([出生日期])) AS 平均年龄  FROM 学生
```

在 SELECET 语句中使用 AS 选项，分别将表达式"平均身高""最高身高""最低身高""平均年龄"指定为列标题。

查询结果如图 3-67 所示。

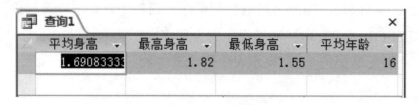

图 3-67　查询结果

提示

查询中经常使用的日期类函数有 Date()、Year()、Month()、Day()、Weekday()等。

① Date()：返回当前的系统日期。

② Year()：返回日期部分中的年份，Year(#03/29/2022#)返回 2022。

③ Month()：返回日期中的月份，Month(#03/29/2022#)返回 3。

④ Day()：返回日期中一个月的第几天，Day(#03/29/2022#)返回 29。

⑤ Weekday()：返回日期中一周的第几天，星期日是一周的第 1 天，Weekday(#03/29/2022#)返回 3。

相关知识

聚合函数在 SELECT 查询中的应用

在 SELECT 语句查询结果中常使用聚合函数，常用的聚合函数有 Count()、Sum()、Avg()、Min()、Max()等，其含义分别如下。

① Count([DISTINCT]<表达式>)：统计表中记录的个数。<表达式>可以是字段名或由

字段名组成。如果选择 DISTINCT 选项，则统计记录时表达式值相同的记录只统计一条。

　　② Sum([DISTINCT]<数值表达式>)：计算数值表达式的和。如果选择 DISTINCT 选项，则计算函数值时，数值表达式值相同的记录只有一条参加求和运算。

　　③ Avg([DISTINCT]<数值表达式>)：计算数值表达式的平均值。如果选择 DISTINCT 选项，则计算函数值时，数值表达式值相同的记录只有一条参加求平均值运算。

　　④ Min(<表达式>)：计算表达式的最小值。

　　⑤ Max(<表达式>)：计算表达式的最大值。

　　SELECT 语句输出项为表达式时，如果不指定列标题，则系统自动命名一个列标题。例如，若上述语句更改为：

```
SELECT  Avg([身高]), Max([身高]), Min([身高]),
Avg(Year(Date())-Year([出生日期]))  FROM 学生
```

　　则查询结果如图 3-68 所示。

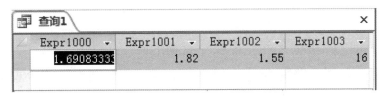

图 3-68　自动为查询结果指定标题

任务 6.2　条件查询

　　使用 SELECT 语句可以有条件地查询记录，格式如下。

```
SELECT [DISTINCT]
<查询项 1> [AS <列标题 1>] [,<查询项 2> [AS <列标题 2>]…]  FROM <表名>
WHERE <条件>
```

　　说明：

　　（1）该语句的功能是查询满足条件的记录。

　　（2）WHERE <条件>选项指定要查询的条件，可以将关系运算符与 BETWEEN 结合使用。

　　【任务 1】查询"学生"表中 2006 年出生的学生的记录，只显示"姓名""性别""出生日期""专业""团员"字段内容。

任务分析

　　这是一个条件查询，语句中需要使用 WHERE 指定条件，条件为"WHERE Year([出生日期])=2006"。

任务操作

　　在 SQL 视图窗口中输入语句：

```
SELECT  姓名,性别,出生日期,专业,团员  FROM 学生
WHERE  Year([出生日期])=2006
```

查询结果如图 3-69 所示。

【任务 2】 查询“学生”表中每位学生的学号、姓名、专业，以及与“成绩”表中对应学生的成绩。

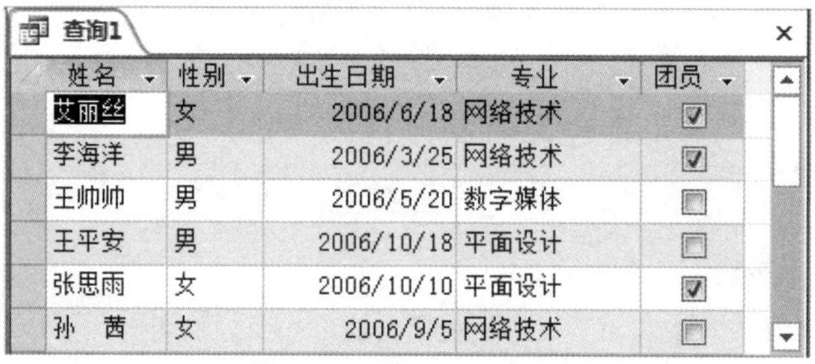

查询1

姓名	性别	出生日期	专业	团员
艾丽丝	女	2006/6/18	网络技术	☑
李海洋	男	2006/3/25	网络技术	☑
王帅帅	男	2006/5/20	数字媒体	☐
王平安	男	2006/10/18	平面设计	☐
张思雨	女	2006/10/10	平面设计	☑
孙　茜	女	2006/9/5	网络技术	☐

图 3-69　查询结果

任务分析

这是两个表的查询，在查询条件中需要对查询的两个表建立关系，“学生”和“成绩”表的关系字段为“学号”，用“学生.学号”和“成绩.学号”分别表示两个表中的“学号”字段，则查询条件为“WHERE 成绩.学号=学生.学号”。

任务操作

在 SQL 视图窗口中输入语句：

```
SELECT 学生.学号, 姓名, 专业,课程号,成绩 FROM 学生,成绩
WHERE 成绩.学号=学生.学号
```

查询结果如图 3-70 所示。

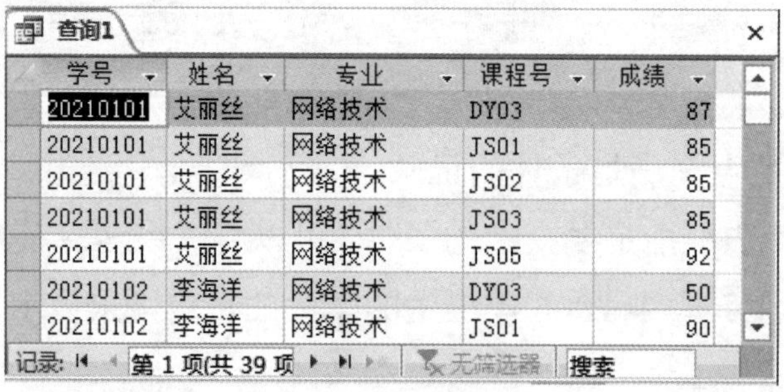

查询1

学号	姓名	专业	课程号	成绩
20210101	艾丽丝	网络技术	DY03	87
20210101	艾丽丝	网络技术	JS01	85
20210101	艾丽丝	网络技术	JS02	85
20210101	艾丽丝	网络技术	JS03	85
20210101	艾丽丝	网络技术	JS05	92
20210102	李海洋	网络技术	DY03	50
20210102	李海洋	网络技术	JS01	90

记录: 第 1 项(共 39 项 无筛选器 搜索

图 3-70　查询结果

上述语句中“学号”字段前加别名“学生”，而“姓名”“专业”“成绩”字段不用加别名，这是由于两个关联表中都含有“学号”字段，在该字段名前加表名作为别名用于区分字段，别名与字段之间用点来区分，而其他字段在两个表中不存在重名。

如果要显示表中的全部字段内容，则可以使用通配符“*”。

例如，语句：

```
SELECT * FROM 学生,成绩 WHERE 成绩.学号=学生.学号
```

查询结果中包含"学生"表和"成绩"表相关联记录的全部字段。

相关知识

SELECT 语句中 WHERE<条件>的使用

在 SELECT 语句中使用 WHERE 指定条件,该条件可以是单条件,也可以是多条件,条件中可以使用下列运算符。

① 关系运算符: =、<>、>、>=、<、<=。

② 逻辑运算符: NOT、AND、OR。

例如,查找身高在 1.65m 至 1.70m 之间的记录,可以使用 SELECT 语句:

```
SELECT * FROM 学生 WHERE 身高>=1.65 AND 身高<=1.70
```

③ 指定区间: BETWEEN … AND …。

BETWEEN … AND … 用来判断数据是否在 BETWEEN 指定的范围内。

例如,查找身高在 1.65m 至 1.70m 之间的记录,还可以使用 SELECT 语句:

```
SELECT * FROM 学生 WHERE 身高 BETWEEN 1.65 AND 1.70
```

④ 格式匹配: LIKE。

LIKE 用来判断数据是否符合 LIKE 指定的字符串格式。

例如,"WHERE 姓名 LIKE "李*""表示查找"李"姓条件的记录。

⑤ 包含: IN()、NOT IN()。

IN()用来判断是否为 IN()列表中的一个。例如,"WHERE nl IN(5,30,15,20)"表示判断 nl 是否是 5、30、15、20 中的一个。

⑥ 空值: IS NULL、IS NOT NULL。

IS NULL 用来判断某字段值是否为空值。

例如,查询"学生"表中"专业"字段为空白的记录:

```
SELECT * FROM 学生 WHERE 专业 IS NULL
```

另外,使用 WHERE<条件>选项还可以设置多个条件。

例如,查询显示"学生"表中"张"姓学生中的女生记录信息。

这是一个多条件的查询,查询条件为"WHERE 姓名 LIKE"张*" AND 性别="女""。

在 SQL 视图窗口中输入语句:

```
SELECT * FROM 学生 WHERE 姓名 LIKE "张*" AND 性别= "女"
```

在 SELECT 语句中,利用 WHERE <条件>选项可以建立多个表之间的联接。例如,按照"学号"字段建立"成绩"表与"学生"表之间的联接,使用 WHERE 选项表示为"WHERE 成绩.学号=学生.学号"。

任务 6.3　查询排序

使用 SELECT 语句可以对查询结果进行排序，格式如下。

```
SELECT [DISTINCT]
<查询项1> [AS <列标题1>] [,<查询项2> [AS <列标题2>]…]
FROM <表名> [WHERE <条件> ]
ORDER BY <排序项1> [ASC | DESC] [, <排序项2> [ASC | DESC] …]
```

说明：

（1）该语句对查询结果按照指定的排序项进行升序或降序排列。

（2）ASC 选项表示按<排序项>升序排列记录，DESC 选项表示按<排序项>降序排列记录。如果省略 ASC 或 DESC 选项，则系统默认对查询结果按<排序项>升序排列。

【任务】查询"学生"表中"姓名""性别""出生日期""专业"字段内容，按"出生日期"字段降序输出。

任务分析

这是一个对结果进行排序的查询，语句中需要使用"ORDER BY 出生日期"选项。

任务操作

在 SQL 视图窗口中输入语句：

```
SELECT 姓名,性别,出生日期,专业 FROM 学生 ORDER BY 出生日期 DESC
```

查询结果如图 3-71 所示。

图 3-71　按出生日期降序排序查询结果

从查询结果可以看出，全部记录按"出生日期"字段内容降序排列。

上述查询语句等价于：

```
SELECT 姓名,性别,出生日期,专业 FROM 学生  ORDER BY  3  DESC
```

在 ORDER BY 中，排序项可以用输出字段或表达式的排列序号来表示，在输出的"姓名""性别""出生日期""专业"字段中，"出生日期"字段的排列序号为 3。

任务 6.4　查询分组

使用 SELECT 语句可以对查询结果进行分组，格式如下。

```
SELECT [DISTINCT]
<查询项 1> [AS <列标题 1>] [,<查询项 2> [AS <列标题 2>]…]
FROM <表名> [WHERE <条件> ]
GROUP BY <分组项 1>[, <分组项 2>] [HAVING <条件>]
```

说明：

（1）该语句对查询结果进行分组操作。

（2）HAVING <条件>选项表示在分组结果中，对满足条件的组进行操作。HAVING <条件>选项总是跟在 GROUP BY 之后，不能单独使用。

（3）在分组查询中可以使用 COUNT()、SUM()、AVG()、MAX()、MIN()等聚合函数，用于计算每组的汇总值。

【任务】统计“学生”表中每个专业的学生的最高入学成绩和平均入学成绩。

任务分析

根据题目要求，需要对“学生”表按“专业”字段进行分组，然后使用聚合函数来计算最高入学成绩“MAX(入学成绩)”和平均入学成绩“AVG(入学成绩)”。

任务操作

在 SQL 视图窗口中输入语句：

```
SELECT 专业,MAX(入学成绩) AS 最高入学成绩,AVG(入学成绩) AS 平均入学成绩
FROM 学生 GROUP BY 专业
```

查询结果如图 3-72 所示。

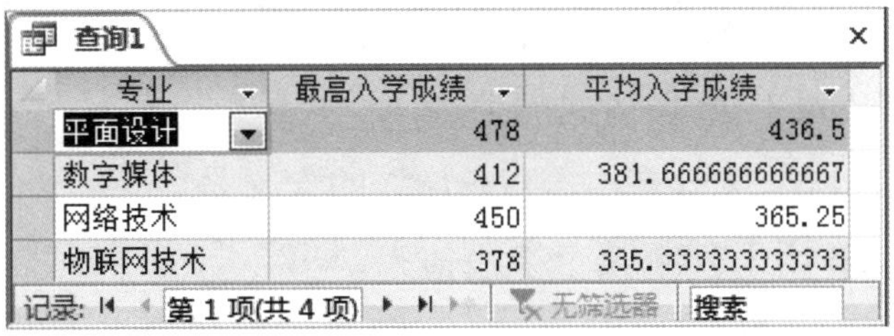

专业	最高入学成绩	平均入学成绩
平面设计	478	436.5
数字媒体	412	381.666666666667
网络技术	450	365.25
物联网技术	378	335.333333333333

图 3-72　SELECT 查询结果分组

GROUP BY 中的分组项不允许是表达式，如果要按照表达式的值进行分组，则可以使用该表达式的列标题或排列序号。

如果 SELECT 语句中可同时使用 HAVING <条件>和 WHERE<条件>选项，则 HAVING <条件>和 WHERE <条件>不矛盾，可以在查询中首先使用 WHERE<条件>筛选记录，然后进行分组，最后用 HAVING <条件>限定分组。例如，若本任务中只统计“网络技术”和“物联网技术”专业，则可以执行下列 SELECTE 语句：

```
SELECT 专业,MAX(入学成绩) AS 最高入学成绩,AVG(入学成绩) AS 平均入学成绩
FROM 学生 GROUP BY 专业  HAVING 专业 IN("网络技术","物联网技术")
```

想一想

本任务中如何设置将"平均入学成绩"显示为两位小数？

做一做

1. 使用 SELECT 语句分别查询"学生"表、"成绩"表中的全部记录。

2. 查询"学生"表中每位学生的学号、姓名、专业和"成绩"表中对应学生的成绩，以及"课程"表中对应的课程名。

3. 从"成绩"表中统计每位学生所有课程的平均成绩。

4. 查询"学生"表中每位学生的姓名、性别、出生日期和专业信息，按"出生日期"字段降序输出。

5. 查询"学生"表中每位学生的学号、姓名、出生日期、专业和"成绩"表中对应记录的学号和成绩，按"专业"字段升序、"出生日期"字段降序输出。

6. 统计"成绩"表中每门课程的最高成绩、最低成绩和平均成绩。

习题 3

一、填空题

1. 在 Access 中的查询有_____、_____、_____、_____和_____查询。

2. 在查询设计视图的_____单元格中，选择复选标记表示在查询中显示该字段。

3. 在书写查询准则时，日期值应该用_____符号引起来。

4. 当用逻辑运算符 Not True 表达式的值为_____。

5. "Between #2022-1-1# And #2022-12-31#"的含义是_____。

6. 特殊运算符 Is Null 用于判断某个字段值为_____。

7. 参数查询是通过运行查询时输入_____来创建的动态查询结果。

8. 将来源于某个表中的字段进行分组，一组列在数据表的左侧，另一组列在数据表的上部，在数据表行与列的交叉处显示表中某个字段统计值，该查询是_____。

9. 要成批修改表中的数据，可应用操作查询中的_____查询。

10. 每个查询都有三种视图，分别是_____、_____和 SQL 视图。

11. 操作查询包括_____、_____、_____和_____4 种类型。

12．查询语句"SELECT * FROM 成绩"中"*"表示＿＿＿＿＿＿＿＿＿；查询语句"SELECT * FROM 学生,成绩"中"*"表示＿＿＿＿＿＿＿＿＿。

13．SELECT 语句的 ORDER BY 子句中,ASC 选项表示按照＿＿＿＿＿＿输出,省略 DECS 选项表示按照＿＿＿＿＿＿输出。

14．根据关系模型 Students(学号,姓名,性别,学分)，查找学分在 100～120 之间的学生,相应的 SELECT 语句为＿＿＿＿＿＿＿＿＿＿＿＿＿＿＿＿＿。

二、选择题

1．为了和一般的数值数据区分,Access 规定日期类型的数据两端各加一个（　　）符号。

　A．*　　　　　　　　B．#　　　　　　　　C．"　　　　　　　　D．?

2．查询中"A　And　B"准则表达式（　　）。

　A．表示查询表中的记录必须同时满足 And 两端的准则 A 和 B，才能进入查询结果集

　B．表示查询表中的记录只需满足准则 A 和 B 中的一个，即可进入查询结果集

　C．表示查询表中记录的数据介于 A、B 之间的记录的数据才能进入查询结果集

　D．表示查询表中的记录当满足 And 两端的准则 A 和 B 不相等时，才能进入查询结果集

3．若要在表的"姓名"字段中查找以"李"姓开头的所有人名，则应在查找内容框中输入字符串（　　）。

　A．李?　　　　　　　B．李*　　　　　　　C．李[ ]　　　　　　D．李#

4．在查询设计视图中设置年龄在 18～60 岁之间的条件可以表示为（　　）。

　A．>18 Or <60　　　B．>18 And <60　　　C．>18 Not <60　　　D．>18 Like <60

5．条件"Not　工资>5000"的含义是（　　）。

　A．除工资大于 5000 以外的记录

　B．工资大于 5000 的记录

　C．工资小于 5000 的记录

　D．工资小于 5000 并且不能为零的记录

6．特殊运算符 In 的含义是（　　）。

　A．用于指定一个字段值的范围，指定的范围之间用 And 连接

　B．用于指定一个字段值的列表，列表中的任意一个值都可与字段值相匹配

　C．用于指定一个字段为空

　D．用于指定一个字段为非空

7．如果在数据库中已有同名的表，要通过查询覆盖原来的表，则应使用的查询类型是（　　）。

　A．删除查询　　　　B．追加查询　　　　C．生成表查询　　　D．更新查询

8. 要将查询结果保存在一个表中，应使用的操作查询是（　　）。

    A．删除查询   B．追加查询   C．更新查询   D．生成表查询

9. 如果要将两个表中的数据合并到一个表中，则应使用的操作查询是（　　）。

    A．删除查询   B．追加查询   C．更新查询   D．生成表查询

10. 如果要修改一个表中的数据，可使用的查询类型是（　　）。

    A．删除查询   B．追加查询   C．更新查询   D．生成表查询

11. SELECT 查询中的条件语句是（　　）。

    A．WHERE   B．WHILE   C．FOR   D．CONDITION

12. Access 数据库中的 SQL 查询中的 GROUP BY 语句用于（　　）。

    A．分组依据   B．对查询进行排序   C．列表   D．选择行条件

13. 下列关于 Access 查询的叙述，错误的是（　　）。

    A．查询的记录源来自于表或已有的查询

    B．查询的结果可以作为其他数据库对象的记录源

    C．Access 的查询可以分析、追加、更改、删除数据

    D．查询不能生成新的数据表

14. 根据关系模型 Students(学号,姓名,性别,出生年月)，查询性别为"男"并按年龄从小到大排序的是（　　）。

    A．SELECT * FROM Students WHERE 性别="男"

    B．SELECT * FROM Students WHERE 性别="男" ORDER BY 出生年月

    C．SELECT * FROM Students WHERE 性别="男" ORDER BY 出生年月 ASC

    D．SELECT * FROM Students WHERE 性别="男" ORDER BY 出生年月 DESC

15. 根据关系模型 Students(学号,姓名,性别,出生年月),查找"王"姓的学生应使用（　　）。

    A．SELECT * FROM Students WHERE 姓名 Like"王*"

    B．SELECT * FROM Students WHERE 姓名 Like"[!王]"

    C．SELECT * FROM Students WHERE 姓名="王*"

    D．SELECT * FROM Students WHERE 姓名=="王*"

三、操作题

1. 打开"教材订购"数据库，使用查询向导创建一个选择查询，在"教材"表中查询教材明细，包含"教材 ID""书名""作译者""定价""出版日期""版次"字段。

2. 使用查询设计视图创建一个选择查询，查询中包括"订单"表的"单位""教材 ID""册数""订购日期""发货日期"字段，以及"教材"表的"书名""定价"字段。

3. 使用查询设计视图创建一个选择查询，查询 2022 年 5 月 1 日之后订购教材的情况，

包括"订单"表的"单位""教材 ID""册数""订购日期""发货日期"字段，以及"教材"表的"书名""定价"字段。

4．在"订单"表中查询订购数量在 200 册以上的某种教材的信息。

5．在"订单"表中查询订购日期在 2022 年 5 月 1 日～2022 年 10 月 31 日之间的记录。

6．在"教材"表中检索"电子工业出版社"在 2022 年出版的教材。

7．创建一个查询，每次运行该查询时，通过对话框提示用户输入要查找的"教材 ID"，查询结果中包含订购该教材的相关信息。

8．将"教材"表中版次为"01"的记录追加到"教材 01"表中。

9．删除"教材 01"表中"出版社"字段值为空的记录。

10．将"教材 01"表中版次为"01"的教材的定价上调 10%。

11．使用 SELECT 语句查询"教材"表中的全部记录。

12．使用 SELECT 语句查询各种教材的最高单价、平均单价。

项目 4 窗体设计

窗体是 Access 数据库系统的一个重要对象，是用户和数据库之间进行交互操作的窗口。通过窗体可以显示数据、编辑数据、添加数据，也可以将窗体用作切换面板来管理数据库中的其他对象，或者用来接收用户输入信息，并根据输入的信息执行相应的操作。在 Access 2016 的"创建"选项卡"窗体"选项组中，包含"窗体""窗体设计""空白窗体""窗体向导"等按钮，通过这些按钮可以分别创建不同类型的窗体。

项目要求

前面学习的内容是通过直接打开表的方式对数据记录进行操作的，但大部分用户对 Access 数据库系统并不熟悉，希望像其他应用软件一样，通过窗口界面进行操作。本项目是在 Access 数据库管理系统下建立窗体，为后期应用程序的开发做准备。本项目包含下列任务。

（1）使用系统向导快速创建窗体。

（2）窗体美化设计。

（3）根据功能要求使用窗体控件。

（4）主/子窗体的设计。

任务 1　创建窗体

在 Access 2016 中，利用"创建"选项卡"窗体"选项组中的"窗体""窗体向导""其他窗体"等按钮可以快速创建窗体。创建窗体前，应了解：

创建窗体目的	为什么要创建窗体
选择窗体类型	使用哪种类型的窗体
窗体记录源	窗体的记录源来自表或查询

任务 1.1　快速创建窗体

在"创建"选项卡"窗体"选项组中，通过"窗体"等按钮可以快速创建窗体。

1．使用"窗体"按钮创建窗体

使用"窗体"按钮创建窗体：选择一个表或查询，单击"窗体"按钮，自动创建一个包含所选表或查询中所有字段的纵栏式窗体。

【任务 1】在"成绩管理"数据库中，使用"窗体"按钮创建一个基于"学生"表的窗体。

任务分析

使用"窗体"按钮可以快速创建一个窗体，创建的窗体中将显示记录源表或查询中的所有字段和记录。

任务操作

（1）打开"成绩管理"数据库，单击左侧导航窗格中的窗体记录源"学生"表。

（2）单击"创建"选项卡"窗体"选项组中的"窗体"按钮，系统自动创建窗体，并以布局视图方式显示该窗体，如图 4-1 所示。

（3）保存该窗体，并将其命名为"学生窗体"。

该窗体包含一个主窗体和一个子窗体，主窗体为"学生"表信息，子窗体为关联的"成绩"表信息，这是由于"学生"表与"成绩"表建立了一对多的关系。

图 4-1　使用"窗体"按钮创建的窗体

2．创建分割窗体

分割窗体就是将同一个表或查询中的数据同时以两种视图形式显示。分割窗体的上半部分是窗体视图，其作用是描述一条记录的详细信息，分割窗体的下半部分是数据表视图，其作用是一次浏览全部记录，并且能够快速地在记录之间移动并定位于某条记录。

【任务 2】在"成绩管理"数据库中，创建一个基于"学生"表的分割窗体。

任务分析

分割窗体使用相同的记录源，同时显示窗体视图和数据表视图，彼此之间的数据能够同时更新。

任务操作

（1）打开"成绩管理"数据库，单击左侧导航窗格中的窗体记录源"学生"表。

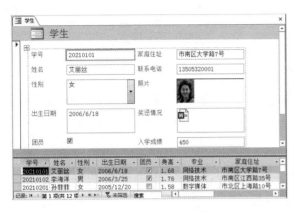

图 4-2　创建的分割窗体

（2）单击"创建"选项卡"窗体"选项组中的"其他窗体"按钮，在下拉列表中选择"分割窗体"，系统自动创建分割窗体，并以布局视图显示该窗体，如图 4-2 所示。

（3）保存该窗体，并将其命名为"学生分割窗体"。

在"其他窗体"中包含多个项目窗体、数据表窗体、分割窗体、模式对话框窗体，其中数据表窗体显示为一个数据表，模式对话框窗体要求用户必须输入数据或者做出选择才能执行操作。

相关知识

多个项目窗体

多个项目窗体是基于表或查询创建的一种表格式窗体。表格式窗体与数据表非常相似，但可以将窗体上默认的文本框控件转换为组合框、列表框及其他控件。表格式窗体可以一次显示多条记录，因此，在检查或更新多条记录时，这种窗体非常有用。

例如，在"成绩管理"数据库中，创建一个基于"课程"表的多个项目窗体。具体操作步骤如下。

（1）打开"成绩管理"数据库，单击左侧导航窗格中的窗体记录源"课程"表。

（2）单击"创建"选项卡"窗体"选项组中的"其他窗体"按钮，在下拉列表中选择"多个项目"，系统自动创建多个项目窗体，并以布局视图显示该窗体，如图 4-3 所示。

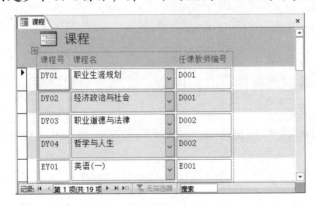

图 4-3　多个项目窗体

多个项目窗体与表格式窗体相似，数据排列成行、列的形式，但是比数据表的功能性要强很多。

任务 1.2　使用窗体向导创建窗体

使用窗体向导创建窗体时，可根据窗体向导提示选择记录源、字段、指定数据的组合和排列方式、有关创建关系、布局及格式等信息，并根据提示创建窗体。使用窗体向导可以创建纵栏式、表格式、数据表及两端对齐式窗体。

1．创建单一记录源窗体

【任务 1】以"学生"表作为记录源，使用窗体向导创建一个纵栏式窗体。

任务分析

本任务是创建基于一个表的窗体，纵栏式窗体的特点是规定表或查询的字段内容按列排列，每一列包含两部分内容，左侧显示字段名，右侧显示字段内容，字段内容包括图片和备注内容。通过导航按钮可以浏览其他记录。

任务操作

（1）打开"成绩管理"数据库，在"创建"选项卡"窗体"选项组中，单击"窗体向导"按钮，弹出"窗体向导"对话框。选择"学生"表中的部分或全部字段，添加到"选定字段"列表框中，如图 4-4 所示。

（2）单击"下一步"按钮，弹出如图 4-5 所示的对话框，确定窗体布局，这里选择"纵栏表"单选按钮。

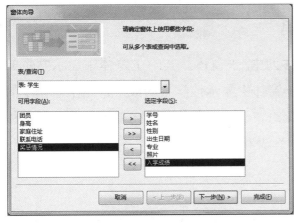

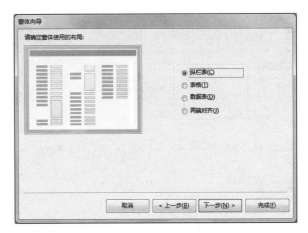

图 4-4　确定窗体使用的字段　　　　　　图 4-5　确定窗体使用的布局

（3）单击"下一步"按钮，弹出为窗体指定标题的对话框，输入标题"学生纵栏表窗体"，单击"完成"按钮，完成窗体的创建，如图 4-6 所示。

上述创建的窗体是基于一个表的窗体。另外，使用窗体向导还可以创建基于多个表或查询的窗体。

图 4-6 创建的纵栏式窗体

想一想

以"学生"表为记录源，使用窗体向导创建一个数据表窗体，观察并分析纵栏式窗体、表格式窗体和数据表窗体有什么不同。

2. 创建主/子窗体

使用窗体向导还可以创建主/子窗体，主/子窗体是主窗体中含有关联的子窗体，主要用于显示一对多关系表中的数据，主/子窗体需要使用多个记录源。

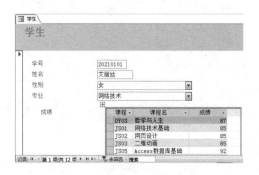

图 4-7 创建的主/子窗体

【任务 2】使用窗体向导创建一个主/子窗体，用于查看每位学生的成绩信息，如图 4-7 所示。

任务分析

该窗体为主/子窗体，其中主窗体中显示学生的有关信息，子窗体中显示该学生的成绩，当主窗体中的学生记录变化时，子窗体中的记录也随着变化。主窗体的记录源为"学生"表，子窗体的记录源为"课程"表和"成绩"表。

任务操作

（1）在"创建"选项卡"窗体"选项组中，单击"窗体向导"按钮，弹出"窗体向导"对话框，分别将"学生"表中的"学号""姓名""专业"字段，"课程"表中的"课程号""课程名"字段，以及"成绩"表中的"成绩"字段添加到"选定字段"列表框中，如图 4-8 所示。

（2）单击"下一步"按钮，弹出如图 4-9 所示的查看数据方式对话框。选择"通过学生"表查看数据，并单击"带有子窗体的窗体"单选按钮。

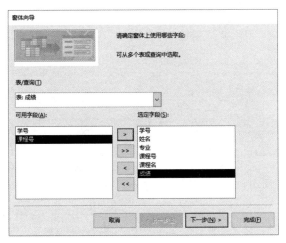
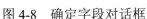

图 4-8　确定字段对话框

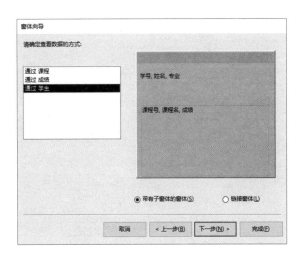

图 4-9　查看数据方式对话框

提示

在建立主/子窗体之前，应确保提供数据的两个表已建立关联。例如，"学生"表和"成绩"表通过"学号"字段建立了一对多关系，"课程"表与"成绩"表通过"课程号"字段建立了一对多关系。

想一想

在如图 4-9 所示的对话框中，如果选择"通过成绩"表查看数据，则将创建什么样的窗体？

（3）单击"下一步"按钮，弹出如图 4-10 所示的确定子窗体使用布局对话框，单击"数据表"单选按钮。

（4）单击"下一步"按钮，弹出为新创建的主窗体和子窗体指定标题对话框，选择默认的主窗体的标题为"学生"，子窗体的标题为"成绩 子窗体"。

（5）单击"完成"按钮，系统根据窗体向导的设置自动创建主/子窗体，结果如图 4-7 所示。

在如图 4-7 所示的窗体中，主窗体和子窗体中分别带有记录导航按钮，通过"学生"窗体的导航按钮，可以查看该学生的成绩，通过"成绩"子窗体的导航按钮，可以确定具体课程的成绩记录。

在图 4-9 中如果单击"链接窗体"单选按钮，则在主窗体中添加一个"成绩"切换按钮，在窗体视图中可通过单击该按钮切换至子窗体，显示该学生的成绩单，这种窗体又称为链接窗体，如图 4-11 所示。

在如图 4-11 所示的链接窗体中，两个窗体是分离的，可以任意改变每个窗体的大小和位置，或者关闭其中任意一个窗体。

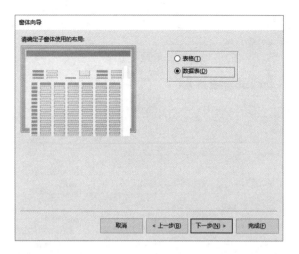

图 4-10　确定子窗体使用布局对话框

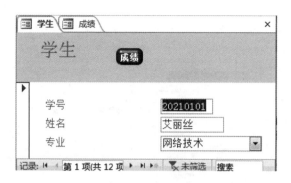

图 4-11　链接窗体

相关知识

窗体的功能与类型

1. 窗体的功能

Access 中的窗体主要有以下功能。

（1）显示和编辑数据。窗体的基本功能是显示与编辑数据。窗体可以显示来自多个数据表中的数据。此外，用户可以利用窗体对数据库中的相关数据进行添加、删除和修改，还可以设置数据的属性。用窗体来显示并浏览数据比用表和查询的数据表格式更加灵活。

（2）添加数据。用户可以根据需要设计窗体，以作为数据库中数据输入的接口，这种方式可以节省数据录入的时间并提高数据输入的准确度。窗体的数据输入功能是它与报表的主要区别。

（3）控制程序执行流程。窗体可以与宏或函数结合作为切换面板，控制程序的执行流程使数据库中的各个对象紧密地结合起来，形成一个完整的应用系统。

（4）提示信息和打印数据。在窗体中可以显示一些警告或解释信息，或者根据输入的数据来执行相应的操作。此外，窗体也可以用于执行打印数据库中数据的功能。

2. 窗体的类型

Access 2016 有多种类型的窗体，不同类型的窗体适用于不同的应用需求，下面介绍几种常见的窗体。

（1）纵栏式窗体。该类型窗体的内容按列排列，每一列包含两部分内容，左侧显示字段名，右侧显示字段内容，包括图片内容。

（2）表格式窗体。该类型的每个窗体内可以显示多条记录，每条记录显示在一行中，且只显示字段的内容，而字段名显示在窗体的顶端。

（3）数据表窗体。数据表窗体和查询显示数据的界面相同，主要用于作为一个窗体的子窗体。

（4）多页窗体。如果一条记录中有许多字段，且利用单页窗体无法显示所有的信息，则可以使用选项卡或分页符控件来创建多页窗体，在每一页窗体中只显示一条记录中的部分信息。

（5）主/子窗体。该类型窗体一般用于显示来自多个表中具有一对多关系的数据。子窗体是指包含在窗体中的窗体，包含窗体的窗体称为主窗体。主窗体用于显示联接关系中"一"端表格中的数据，而子窗体用于显示联接关系中"多"端表格中的数据。

（6）分割窗体。该类型窗体同时提供窗体视图和数据表视图。这两种视图联接到同一记录源，并保持同步。如果在窗体的一部分中选择了一个字段，则会在窗体的另一部分中选择相同的字段。

窗体是以数据表或查询为记录源创建的，窗体中显示数据表或查询中的数据，窗体本身并不存储数据，数据存储在一个或几个关联的表中。

🗂️ 做一做

1. 以"学生"表为记录源，使用窗体向导创建一个表格式窗体。

2. 创建一个如图 4-11 所示的链接窗体，并打开该链接窗体，观察结果。

3. 使用窗体向导创建一个窗体，主窗体包含"学生"表的"学号""姓名""专业"字段，子窗体包含"课程"表的"课程号""课程名"字段，"成绩"表的"成绩"字段，以及"教师"表的"教师编号""姓名"字段。

任务 2　使用窗体设计视图创建窗体

使用窗体设计视图创建窗体时，可以设置窗体数据来源，在窗体中添加、删除控件，利用这些控件既可以方便地对数据库中的数据进行编辑、查询等，又能使工作界面美观大方。使用窗体设计视图创建窗体前，应明确：

窗体布局	窗体控件布局
窗体记录源	窗体的记录源是表还是查询
设计窗体	应用控件及修饰美化窗体

任务 2.1　使用空白窗体创建窗体

空白窗体不包含任何控件，也不会绑定到记录源，但可以快速地在窗体中布局控件。

【任务】使用空白窗体创建一个窗体，将"学生"表中的"学号""姓名""性别""出生日期""团员""专业"字段添加到该窗体中。

任务分析

Access 提供创建"空白窗体"按钮，创建空白窗体后可以将表中的字段作为窗体控件快速添加到窗体中。

任务操作

（1）在"创建"选项卡"窗体"选项组中，单击"空白窗体"按钮，在布局视图中打开一个空白窗体，并显示"字段列表"对话框，如图 4-12 所示。

（2）展开"字段列表"对话框中的"学生"表字段列表，如图 4-13 所示。

图 4-12　空白窗体布局视图

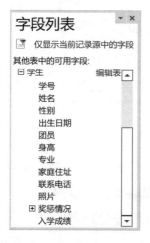

图 4-13　"学生"表字段列表

（3）双击"学号"字段或将其拖放到窗体中，依次添加其他字段，结果如图 4-14 所示。

（4）保存该窗体，并将其命名为"学生信息"。

在"开始"选项卡"视图"选项组中，单击"视图"下拉按钮，选择"窗体视图"选项，切换到窗体视图，结果如图 4-15 所示。

图 4-14　窗体布局

图 4-15　窗体视图

切换到窗体设计视图，结果如图 4-16 所示。

图 4-16　窗体设计视图

通过窗体设计视图可以看到，该窗体中含有一个"主体"节。

相关知识

窗体视图方式

Access 2016 提供了多种窗体视图的查看方式。

① 窗体视图：该视图可以显示数据表中的记录，通过它可查看、添加和修改数据。

② 布局视图：该视图与窗体视图类似，区别在于在查看数据的同时，可以将控件位置进行移动，对现有的各个控件进行重新布局。

③ 窗体设计视图：使用窗体设计视图来创建和修改窗体的结构，以及美化窗体等。

任务 2.2　窗体设置

如果创建的窗体不能满足需要，则可以在窗体设计视图中进行修改设置。

【任务】使用窗体设计视图修改上述任务创建的窗体"学生信息"，在"主体"节中添加"学生"表的"家庭住址"和"照片"字段，在"窗体页眉"节中添加日期控件。

任务分析

窗体由多个节构成，其中包括"窗体页眉"节和"窗体页脚"节。创建窗体后，可以通过窗体设计视图，在已创建的窗体中添加或删除控件等。

任务步骤

（1）打开"学生信息"窗体，切换到窗体设计视图，如图 4-16 所示，将光标移动到"主体"节右侧边缘处，当光标变为左右箭头时，按下鼠标左键左右拖动，可以调整"主体"节的宽度。用同样的方法，调整"主体"节的高度，适中即可。

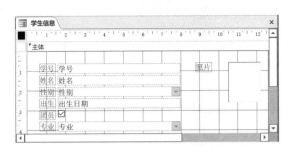

图 4-17　在窗体设计视图中添加字段控件

（2）在"字段列表"窗格中，分别将"学生"表中的"家庭住址"字段和"照片"字段拖放到"主体"节中；单击添加的字段控件及其标签，分别调整其大小和位置，如图 4-17 所示。

提示

在窗体设计视图下，如果没有出现"字段列表"窗格，则单击"表单设计"选项卡"工具"选项组中的"添加现有字段"按钮即可。

（3）右击窗体空白处，从弹出的快捷菜单中选择"窗体页眉/页脚"命令，在窗体中添加窗体页眉和窗体页脚。

（4）单击"窗体页眉"节，在"设计"选项卡"页眉/页脚"选项组中，单击"日期和时间"按钮，弹出如图 4-18 所示的"日期和时间"对话框。

（5）勾选"包含日期"复选框，单击"确定"按钮，在"窗体页眉"节中添加日期控件，单击该日期控件，调整控件的大小和位置，如图 4-19 所示。

图 4-18　"日期和时间"对话框

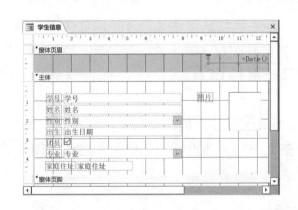

图 4-19　在窗体设计视图中添加日期控件

（6）切换到窗体视图，查看设计结果，修改后的窗体如图 4-20 所示。

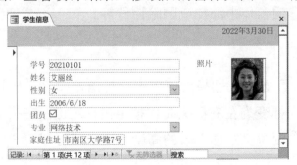

图 4-20　修改后的窗体

（7）保存修改后的窗体。

在窗体设计过程中，可以随时切换到窗体视图，查看设计结果。

相关知识

设计窗体的一般步骤

使用窗体设计视图可以创建不同的窗体，不同的窗体包含不同的对象，虽然创建的过程有所不同，但步骤大致相同。设计窗体的一般步骤如下。

1. 打开窗体设计视图

单击"创建"选项卡"窗体"选项组中的"窗体设计"按钮，打开窗体设计视图，如图 4-21 所示。打开窗体设计视图时，会出现"设计"、"排列"和"格式"窗体设计工具选项卡。

2. 选择窗体记录源

在窗体设计视图下，单击"设计"选项卡"工具"选项组中的"添加现有字段"按钮，在弹出的"字段列表"对话框中打开当前数据库中所有数据表的字段列表，如图 4-22 所示。可以通过指定字段列表中的字段来确定窗体设计视图的记录源。

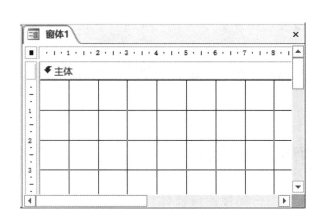

图 4-21　窗体设计视图

图 4-22　"字段列表"对话框

3. 添加窗体控件

在窗体上添加控件有两种方法：一种方法是将"字段列表"窗格中的表的字段拖放到窗体上，系统根据字段的类型自动生成相应的控件，并在控件和字段之间建立关联；另一种方法是从"控件"选项组中将需要的控件添加到窗体中。

4. 设置对象属性

激活当前窗体对象或某个控件对象，单击"设计"选项卡"工具"选项组中的"属性表"按钮，弹出"属性表"对话框，在该对话框中可以进行窗体或控件的属性设置，如图 4-23 所示。

图 4-23　"属性表"对话框

5. 查看窗体设计效果

单击"设计"选项卡"视图"选项组中的"窗体视图"按钮，切换到窗体视图，查看窗体视图效果。

6. 保存窗体

将设计好的窗体命名后进行保存。

做一做

1．创建一个空白窗体，在窗体中添加"学号""姓名""团员""家庭住址""照片"字段。

2．在窗体设计视图中修改第 1 题创建的窗体，在"主体"节中添加"专业"和"入学成绩"字段，在"窗体页眉"节中添加日期控件，在"窗体页脚"节中添加时间控件。

3．在第 2 题创建的窗体的"主体"节中添加"课程"表中的"课程号"和"课程名"字段，以及"成绩"表中的"成绩"字段。

任务 3　窗体属性设置

创建窗体后，如果要对窗体进行设置，可以在布局视图或窗体设计视图中对布局进一步调整，通常使用"格式"、"设计"、"排列"选项卡和"属性表"对话框对窗体、节和控件进行属性设置。

打开窗体设计视图，双击窗体左上角的选择器按钮▣，弹出"属性表"对话框，如图 4-25所示。"属性表"对话框包括"格式""数据""事件""其他""全部"5 个选项卡，在不同的选项卡中设置相应的属性，在"全部"选项卡中浏览或设置所有的属性项目。设置窗体属性前，应明确：

窗体构成	掌握窗体的结构组成
窗体属性	了解窗体主要有哪些属性
属性设置方法	窗体、节的属性具体设置方法

【任务】对已创建的"学生信息"窗体，查看其记录源，并设置在窗体窗口中一次仅显示一条记录，不允许通过窗体删除数据。

任务分析

通过窗体的"属性表"对话框设置窗体属性，设置窗体属性前首先选择窗体或控件对象，然后在对应的"属性表"对话框中进行设置。

任务操作

（1）打开"学生信息"窗体设计视图，如图 4-24 所示，双击窗体左上角的选择器按钮，弹出"属性表"对话框，如图 4-25 所示。

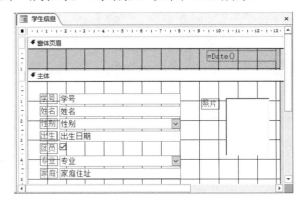

图 4-24　"学生信息"窗体设计视图　　　　图 4-25　"属性表"对话框

（2）单击"窗体"属性"记录源"右侧的"生成器"按钮，打开"查询生成器"视图窗口，如图 4-26 所示。

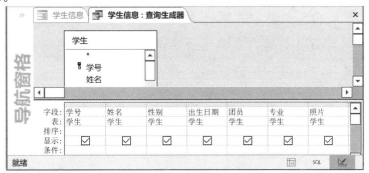

图 4-26　"查询生成器"视图窗口

从"查询生成器"视图窗口中可以看出，该查询以"学生"表为基表向窗体提供记录源，还可以从字段列表中选择其他字段。

（3）在"属性表"对话框的"默认视图"下拉列表中选择"单个窗体"，如图 4-27 所示。

（4）在"属性表"对话框的"允许删除"下拉列表中选择"否"，如图 4-28 所示。

图 4-27 设置窗体默认视图   图 4-28 设置使用数据权限

（5）切换到窗体视图，查看并验证设置结果。

相关知识

窗体结构和常用属性设置

1. 窗体结构

一个窗体主要有"窗体页眉""窗体页脚""主体""页面页眉""页面页脚"5 个节，如图 4-29 所示。在窗体设计视图中右击，从弹出的快捷菜单中选择"页面页眉/页脚"或"窗体页眉/页脚"命令添加节。每个节中可以添加多个控件，这些控件主要用于显示数据、执行操作、修饰窗体等。

（1）窗体页眉。该节位于窗体的上方，常用于显示窗体的名称、提示信息或放置命令按钮。打印时该节的内容只打印在第一页。

（2）页面页眉。页面页眉的内容常用于显示每一页的标题、字段名等信息，在打印时才会出现，而且只打印在每一页的顶端。

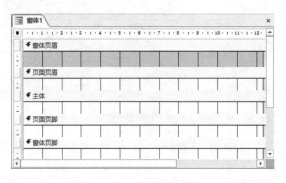

图 4-29 窗体的结构

（3）主体。该节设置数据的主要区域，每个窗体必须有一个"主体"节，主要用于显示表或查询中的字段、记录等信息，也可以设置其他控件。

（4）页面页脚。该节的内容只在打印时出现在每一页的底端，通常用在每一打印页的下方以显示页码、日期等信息。

（5）窗体页脚。窗体页脚与窗体页眉相对应，位于窗体的底端，一般用于汇总主体节的数据。例如，总人数、平均成绩、销售总量等，也可以设置命令按钮、提示信息等。

每个节包含节栏和节背景两部分，节栏的左端显示节的标题和一个向下的箭头，节栏的下方为该节的背景区。

每个节都有一个默认的高度，在添加控件时，可以调整节的高度。具体操作方法是将指针指在节的下边框上，当指针变成 **+** 时，按住鼠标左键上下拖动至适当位置即可；拖动节的右边框即可调整节的宽度；拖动节的右下角即可调整节的高度和宽度。

2. 窗体及控件部分属性

（1）设置窗体记录源。在创建窗体后，如果窗体没有记录源，则需要为窗体指定记录源。如果窗体已经有了记录源，当需要指定其他记录源字段时，则需要修改窗体记录源。

（2）设置窗体默认视图。设置窗体默认视图是指设置窗体打开时使用的视图方式，有单个窗体、连续窗体、数据表和分割窗体等，如图 4-27 所示。

① 单个窗体：一次仅显示一条完整的记录。

② 连续窗体：在"主体"节中显示所有能容纳的完整记录。

③ 数据表：以行和列的形式显示记录。

④ 分割窗体：以分割窗体的形式打开窗体。

（3）设置窗体允许属性。设置窗体允许属性是指允许窗体在指定的视图中打开，而不允许在其他视图中打开。默认情况下，"允许窗体视图"和"允许布局视图"均设置为"是"，可以根据需要进行选择设置，如图 4-30 所示。

（4）设置窗体滚动条、记录选择器、导航按钮和分隔线。默认情况下，窗体视图中会出现水平滚动条和垂直滚动条、记录选择器、导航按钮等工具。用户可以根据需要自行设置是否显示滚动条、记录选择器、导航按钮、分隔线等，如图 4-31 所示。

图 4-30　设置窗体允许属性

图 4-31　设置导航按钮等属性

① 滚动条：分为"只水平"、"只垂直"、"两者无"和"两者都有"4种类型，默认值为"两者都有"。

② 记录选择器：窗体视图中位于记录最左端的向右三角形。如果要隐藏记录选择器，则将该属性设置为"否"。

③ 导航按钮：用来浏览记录。如果窗体用来显示记录，或者已添加了其他导航按钮，则将该属性设置为"否"。

④ 分隔线：可用在窗体中各个节之间，也可用在连续窗体中将各条记录隔开。

窗体的各个节有自己的属性，如高度、颜色、背景颜色、特殊效果或打印设置等。设置节的属性时，可双击窗体设计视图中的节选择器，在弹出的节的属性对话框中进行设置。

窗体及控件的属性很多，可在使用过程中逐步了解和掌握。

做一做

1．打开"学生"窗体设计视图，分别查看窗体的"记录源""标题""默认视图"等属性。

2．打开"学生"窗体设计视图，查看主体节的属性设置及"姓名"文本框控件的相关属性。

3．在"学生"窗体设计视图中，调整各控件的大小及对齐方式。

任务4　修饰窗体

美化窗体是为了使窗体更加美观，包括设置窗体背景色、背景图片、控件的字体、字号、颜色及特殊效果等。美化修饰窗体前，应了解：

窗体属性设置	窗体属性的设置方法
窗体控件属性	了解窗体控件的共同属性
控件属性设置	窗体控件的设置方法

图4-32　修饰后的"学生信息"窗体

【任务】修饰"学生信息"窗体，设置字段标签控件字体为微软雅黑、11号、深蓝色，字段控件的字体为华文仿宋、11号、紫色，并设置窗体背景图片，修饰后的"学生信息"窗体如图4-32所示。

任务分析

修饰窗体及控件，可以在窗体设计视图或布局视图的"设计"选项卡、"格式"选项卡或"属性表"对话框中进行。

任务操作

（1）设置字体和字号。打开"学生信息"窗体设计视图，选择全部字段的标签，在窗体设计工具"格式"选项卡"字体"选项组中，设置字体为微软雅黑、11 号；也可以在"属性表"对话框中进行设置，如图 4-33 所示。

用同样的方法，设置字段控件的字体为华文仿宋体、11 号。

（2）设置颜色。选择全部字段标签控件，单击"格式"选项卡"字体"选项组中的"字体颜色"下拉按钮，在打开的调色板中选择深蓝色；用同样的方法将字段控件的字体设置为紫色；也可以通过"属性表"对话框设置颜色。

如果要填充控件颜色，则可单击"格式"选项卡"字体"选项组中的"背景色"下拉按钮，选择适当的颜色来填充，如选择标签控件填充色为褐色，结果如图 4-34 所示。

图 4-33　设置字段附加标签属性

图 4-34　设置控件属性

（3）设置窗体背景图片。切换到窗体设计视图，双击"窗体选择器"按钮，弹出"属性表"对话框。在"图片"文本框中选择要插入的图片；在"图片类型"文本框中有"嵌入""链接""共享"三种类型，选择"嵌入"类型；在"图片平铺"文本框中选择"是"选项；"图片缩放模式"文本框中有"剪辑""拉伸""缩放""水平拉伸""垂直拉伸"五种模式，这里选择"拉伸"模式，如图 4-35 所示。

（4）设置窗体的"记录选择器"属性为"否"，适当调整控件的位置，切换到窗体视图，窗体的设置效果如图 4-32 所示。

相关知识

窗体特殊效果设置

在修饰窗体时，可以设置控件凸起、凹陷或蚀刻等特殊效果，使控件看起来更有立体感。Access 提供了平面、凸起、凹陷、蚀刻、阴影和凿痕等效果。设置特殊效果的方法是，首先选择要设置特殊效果的控件，然后在"属性表"对话框的"特殊效果"下拉列表中选择其中一种效果，如图 4-36 所示。

图 4-35　设置窗体背景图片

图 4-36　设置控件特殊效果

做一做

1．使用窗体设计视图，对"学生"窗体及控件进行字体、字号、填充色设置，并设置窗体背景图片。

2．对"学生"窗体套用不同的窗体格式，观察不同的效果。

任务 5　标签控件和文本框控件的应用

控件在窗体、报表中用于显示数据、执行操作或作为修饰的对象，窗体或报表中的所有信息都包含在控件中。使用标签控件和文本框控件前，应了解：

窗体控件功能	了解标签控件和文本框控件的功能
控件主要属性	标签控件和文本框控件的主要属性
控件属性设置	标签控件和文本框控件属性的设置方法

任务 5.1　标签控件

在窗体中可以使用标签来显示说明性的文本。标签既可以独立使用，也可以作为字段说明附加到其他显示字段的控件上。例如，在创建文本框时，可以为文本框附加一个标签，用来显示该文本框的标题。标签是未绑定的控件，常用于显示固定的信息，不能显示字段或表达式的值。

【任务】使用窗体设计视图新建窗体，在"窗体页眉"节中添加一个标题为"学生信息管理"的标签控件，并设置其字体为隶书，字号为 24。

任务分析

使用"标签"按钮 **Aa** 可以在窗体设计视图中添加标签控件，该标签控件将单独存在。

任务操作

（1）使用窗体设计视图新建一个窗体，右击窗体空白处，在弹出的快捷菜单中选择"窗体页眉/页脚"命令，为其添加"窗体页眉"和"窗体页脚"节。

（2）单击"设计"选项卡"控件"选项组中的"标签"按钮 **Aa**，将指针移动到窗体的"窗体页眉"节中，按住鼠标左键并拖动，以添加一个空白标签。

（3）在空白标签中输入标签文本内容，如输入"学生信息管理"。

（4）打开标签控件的"属性表"对话框，设置该标签控件的字体为隶书，字号为24，如图 4-37 所示。

（5）调整标签的位置，使其居中，切换到窗体设计视图，设计效果如图 4-38 所示，保存该窗体，并将其命名为"信息管理"。

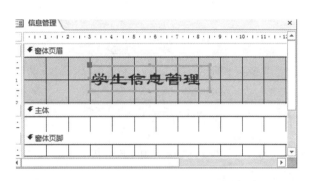

图 4-37 "属性表"对话框　　　　图 4-38 只含有标签控件的窗体设计视图

在标签中输入文本时，如果一行文字超过标签的宽度，系统自动增加行宽；如果文字超过窗体的宽度，系统自动换行。因此，系统可以自行调节文本框的大小。

任务 5.2　文本框控件

【任务】在"信息管理"窗体中分别添加标签控件和文本框控件。其中，文本框控件用来显示系统日期和学生的相关信息，添加标签控件和文本框控件后的窗体设计视图如图 4-39 所示。

任务分析

文本框控件分为绑定型文本框控件和非绑定型文本框控件。绑定型文本框控件可以直接在

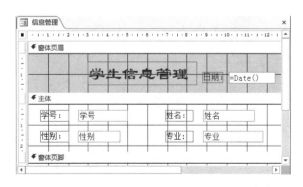

图 4-39 添加标签控件和文本框控件后的窗体
设计视图

窗体中显示表或查询的字段值。非绑定型文本框控件可以用来显示计算结果、当前日期时间或接收用户输入的数据，该数据是一个用来传递的中间数据，一般不需要存储。"窗体页眉"节中的文本框控件是非绑定型文本框控件，用来显示系统当前日期，系统当前日期对应的表达式为"=Date()"；"主体"节中的控件记录源来自"学生"表字段值，是绑定型文本框控件。

任务操作

（1）打开"信息管理"窗体设计视图，单击"控件"选项组中的"文本框"按钮 **ab**（"使用控件向导"处于非按下状态），在"窗体页眉"节中添加一个默认的非绑定型文本框及附加标签控件。

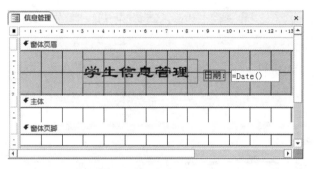

图 4-40　添加非绑定型文本框及附加标签控件

（2）调整文本框及附加标签的位置及大小，将标签的标题 Text1 修改为"日期："，在文本框中输入日期表达式"=Date()"，如图 4-40 所示。

（3）双击窗体左上角的选择器按钮，弹出"属性表"对话框，选择"记录源"为"学生"，如图 4-41 所示，从"字段列表"拖动字段到窗体设计视图中。

（4）在"主体"节中添加一个文本框控件，修改其标题后，在文本框控件的"属性表"对话框中设置"控件来源"属性。例如，将标签"学号："对应的"控件来源"属性设置为"学号"，如图 4-42 所示。

图 4-41　设置窗体记录源

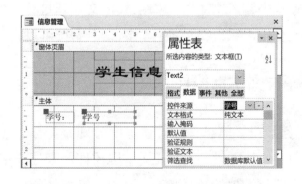

图 4-42　设置"学号"的"控件来源"属性

（5）切换到窗体视图，效果如图 4-43 所示。

（6）用同样的方法，为其他字段添加标签控件和文本框控件，并分别设置标签控件和文本框控件的"控件来源"属性。切换到窗体视图，观察窗体设计效果，如图 4-44 所示，最后保存该窗体。

图 4-43　窗体视图效果　　　　　　　　　图 4-44　"信息管理"窗体设计效果

在如图 4-44 所示的窗体视图中，如果有窗体记录选择器，则可以设置窗体属性以取消该记录选择器。

在窗体设计视图状态下，如果"使用控件向导"（单击"窗体设计"选项卡"控件"选项组中的"使用控件向导"按钮）处于按下状态，则在视图中添加文本框控件时，系统将自动弹出"文本框向导"对话框，如图 4-45 所示，可以在该对话框中对字体、字号、字形等选项进行设置。

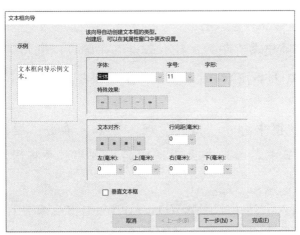

图 4-45　"文本框向导"对话框

文本框控件显示的数据始终是字符串数据类型，只是有时看起来像数字或日期。文本框控件最重要的属性可确定数据的输入和显示方式。

文本框控件"格式"属性确定数据的显示格式。"背景样式""背景色""边框样式""特殊效果"等控制文本框的背景、边缘的显示方式；"字体名称""字号""文本对齐""下画线""倾斜字体""前景色"等控制数据的外观属性；"文本格式""输入掩码""默认值""验证规则""验证文本"等控制数据输入属性。

相关知识

控件类型

1. 控件类型

Access 2016 中的控件根据数据来源及属性不同，可以分为绑定型控件、非绑定型控

件和计算型控件三种类型。

（1）绑定型控件：与表或查询中的字段相连，主要用于输入、显示或更新数据表中的字段内容。当把一个数值输入给一个绑定型控件时，系统将自动更新对应表中的字段内容。例如，在窗体中显示学生姓名的文本框可以从"学生"表中的"姓名"字段获取数据。

（2）非绑定型控件：没有数据来源，主要用于显示信息、线条及图像等，如窗体的标题、图片等，它不会修改数据表中的字段内容。非绑定型控件可用于美化窗体。

（3）计算型控件：记录源是表达式而不是字段的控件。表达式可以是运算符（如=、+）、控件名称、字段名称、返回单个值的函数等。例如，计算课程的平均分。

2. 计算型控件的应用

计算型控件常用于显示计算结果。例如，在如图 4-44 所示的"信息管理"窗体的"主体"节中添加一个显示学生年龄的文本框控件，用于显示学生的年龄，如图 4-46 所示。

虽然"学生"表字段中没有年龄字段，但是其年龄可以利用"出生日期"字段计算得出，其表达式为"=Year(Date())-Year([出生日期])"。因此，创建的"年龄"文本框为计算型控件。

（1）在窗体设计视图中打开"信息管理"窗体，单击"控件"选项组中的"文本框"按钮，在"主体"节中添加一个大小适中的文本框，并将附加标签的文本改为"年龄:"。

（2）在文本框中输入表达式"=Year(Date())-Year([出生日期])"，如图 4-47 所示。

（3）切换到布局视图，查看添加计算型控件的结果，单击"年龄"文本框，调整其大小、位置及对齐方式。

（4）保存该窗体。

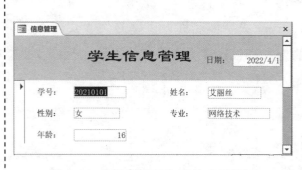

图 4-46 "信息管理"窗体布局视图

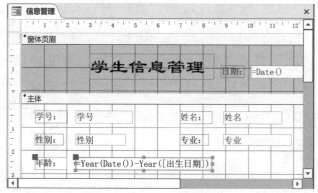

图 4-47 "信息管理"窗体设计视图

做一做

1．在"信息管理"窗体的"主体"节中添加一个标签和文本框控件，文本框控件用于显示学生的出生日期。

2．在"信息管理"窗体"窗体页脚"节中添加一个文本框控件，用于显示当前系统时间，其表达式为"=Time()"。

任务 6　组合框控件和命令按钮控件的应用

组合框控件是文本框控件和列表框控件的组合，组合框控件显示为一个带有下拉按钮的文本框，即下拉列表。使用组合框控件可以输入非下拉列表中的值，这也是与列表框控件最大的区别。组合框控件中的列表由数据行组成，数据行可以有一个或多个列，这些列既可以显示标题也可以不显示标题。使用组合框控件和命令按钮控件前，应了解：

窗体控件功能	了解组合框控件和命令按钮控件的功能
控件主要属性	组合框控件和命令按钮控件的主要属性
控件属性设置	组合框控件和命令按钮控件属性的设置方法

任务 6.1　组合框控件

创建绑定到字段的组合框控件，可以使用控件向导来创建，也可以不使用控件向导创建，在列表框的"属性表"对话框中设置其属性。

【任务】为方便用户对数据库的操作，可以将"信息管理"窗体中的"专业"文本框控件设置为组合框控件，提升该字段的输入速度，也避免出现输入差错，如图 4-48 所示。

任务分析

组合框控件中有一个下拉按钮，通过下拉按钮选择所需要的选项或输入数值，这样做比文本框和列表框更节省空间。可以使用组合框向导来添加组合框控件。

任务操作

（1）打开"信息管理"窗体设计视图，首先删除"专业"文本框，单击"设计"选项卡"控件"选项组中的"使用控件向导"按钮，然后单击"组合框"按钮，在窗体中选择要放置组合框的位置，单击并拖动至适当大小，此时弹出"组合框向导"对话框，可在该对话框中设置组合框获取数值的方式，如图 4-49 所示。

图 4-48　添加组合框控件后的窗体　　　　图 4-49　设置组合框获取数值的方式

（2）单击"自行键入所需的值"单选按钮，单击"下一步"按钮，出现为组合框提供数值的对话框，在"第 1 列"中输入为该列提供的数值，如图 4-50 所示。

（3）单击"下一步"按钮，在选择组合框中数值的保存方式时，选择"将该数值保存在这个字段中"单选按钮，如图 4-51 所示。

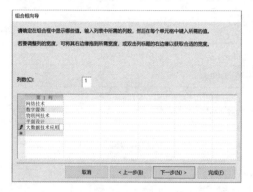

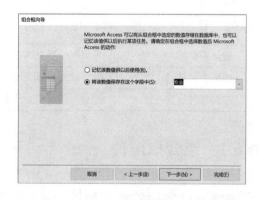

图 4-50　为组合框提供数值的对话框　　　　图 4-51　选择组合框中数值的保存方式

（4）单击"下一步"按钮，在弹出的对话框中为组合框指定一个标签标题，如"专业"，单击"完成"按钮，结束组合框控件的创建操作，如图 4-52 所示。

在该组合框控件的"属性表"对话框中，查看"专业"控件有关属性的设置，如图 4-53 所示。

组合框中包含控件的值列表，在输入过程中可以在列表中选择一个值，这样不仅提高了输入效率，也避免了输入错误。如果在窗体中修改"专业"字段值，则修改的结果会直接存到"学生"表的"专业"字段中。

图 4-52　添加组合框控件后的窗体设计视图　　　　图 4-53　组合框控件的属性设置

在如图 4-53 所示的"专业"控件属性内容中，"行来源"属性确定在列表中显示什么数据。一般情况下，列表数据通常来源于表、查询或 SQL 语句。当"行来源类型"属性设置为"值列表"时，可在"行来源"中输入值列表；当"行来源类型"属性设置为"表/查询"时，"行来源"可以是表名称、查询名称或 SQL 语句；当"行来源类型"属性设置为"字段列表"时，"行来源"可以是表名称、查询名称或 SQL 语句，与类型设置为"表/查询"时一样，区别在于控件将显示字段名称列表，而不是值列表。"绑定列"属性确定控件的"值"，可以在列表中显示多列数据。当显示两列或多列数据时，"绑定列"属性确定哪一列的数据将存储在绑定控件所对应的字段中，或者保存以供将来在未绑定控件中使用。

任务 6.2　命令按钮控件

命令按钮控件是用户操作的转至控件，提供了一种只需单击按钮即可执行操作的方法。命令按钮控件主要用于运行宏或 VBA 代码。与命令按钮控件相关的操作包括显示另一个窗体、导航到另一个记录或自动运行另一个应用程序。单击命令按钮控件时，它不仅会执行相应的操作，而且其外观也会有先按下后释放的视觉效果。

图 4-54　添加命令按钮控件后的窗体

【任务】在"信息管理"窗体中添加一组记录操作命令按钮控件，并实现相应的功能，如图 4-54 所示。

任务分析

使用控件向导可以快速创建执行特定操作的命令按钮控件，设置命令按钮控件后，可以通过单击命令按钮执行相应的操作。本任务是执行"添加记录""删除记录""保存记录""关闭窗体"操作。

任务操作

（1）打开"信息管理"窗体设计视图，单击"表单设计"选项卡"控件"选项组中的"使用控件向导"按钮，单击"按钮"控件按钮，在窗体中要放置命令按钮的位置单击，弹出"命令按钮向导"对话框，如图 4-55 所示。

在该对话框中有两个列表，一个是命令按钮的类别，另一个是具体的操作。例如，在"类别"列表中选择"记录操作"，在"操作"列表中选择"添加新记录"。

（2）单击"下一步"按钮，在弹出的对话框中选择命令按钮的呈现方式为文本或图片。单击"文本"单选按钮，并在其文本框中输入"添加记录"，如图 4-56 所示。

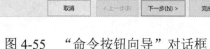

图 4-55　"命令按钮向导"对话框　　　　　　图 4-56　选择命令按钮的呈现方式

（3）单击"下一步"按钮，在弹出的对话框中已为按钮指定了一个名称，这个名称是系统内部作为识别该按钮的标识，建议不要修改。单击"完成"按钮。至此，添加了一个命令按钮控件，如图 4-57 所示。

（4）用同样的方法，依次添加并设置其他命令按钮控件，其中"关闭窗体"命令按钮需要通过"类别"列表中的"窗体操作"来添加。添加完命令按钮控件后，调整其大小、对齐方式，结果如图 4-58 所示。

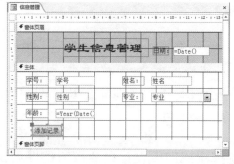
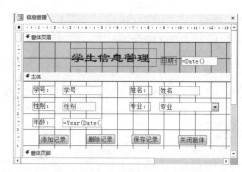

图 4-57　添加"添加记录"命令按钮控件后的窗体　　图 4-58　添加命令按钮控件后的窗体设计视图
　　　　　　　　设计视图

先在窗体视图中通过命令按钮增加一条记录，然后切换到数据表视图，打开"学生"表，观察是否增加了一条记录，再通过"删除记录"按钮删除该记录。

相关知识

列表框控件的使用

　　列表框控件与组合框控件类似，通过提供一组数据选项供用户选择。如果显示的数据选项较多，则可以通过垂直滚动条上下移动来选择数据选项，但不允许用户在列表框控件中输入数据。例如，将"信息管理"窗体中"性别"文本框控件设置为列表框控件，如图 4-59 所示。

（1）打开"信息管理"窗体设计视图，首先删除"性别"文本框，单击"控件"选项组中的"使用控件向导"按钮，然后单击"列表框"按钮，在窗体中要放置列表框的位置单击，弹出"列表框向导"对话框，该对话框与"组合框向导"对话框类似。

（2）单击"自行键入所需的值"单选按钮，单击"下一步"按钮，弹出为列表框提供数值的对话框，输入为列提供的值，如图4-60所示。

图4-59 添加的列表框控件

图4-60 为列表框提供数值的对话框

（3）单击"下一步"按钮，单击"将该数值保存在这个字段中"单选按钮，并选择"性别"字段，如图4-61所示。

（4）单击"下一步"按钮，为列表框指定一个标签标题，如"性别"，单击"完成"按钮，结束列表框控件的创建操作，如图4-62所示。

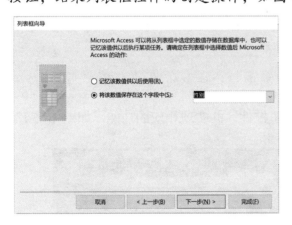

图4-61 选择列表框中数值的保存方式

图4-62 添加列表框控件后的窗体设计视图

打开"性别"列表框控件的"属性表"对话框，查看有关属性的设置，如图4-63所示。

图 4-63　列表框控件的属性设置

如果列表框控件是绑定的，则系统会将所选值插入列表框控件已绑定的字段。

在创建组合框控件或列表框控件时，如果要创建输入数据或编辑记录的窗体，则一般单击"自行键入所需的值"单选按钮，这样列表中列出的数据不会重复，此时从列表中直接选择所需的选项即可；如果要创建显示记录的窗体，则可以单击"使用组合框查阅表或查询中的值"或"使用列表框查阅表或查询中的值"单选按钮，这样组合框控件或列表框控件中显示的是存储在表或查询中的实际值。

做一做

1. 将"信息管理"窗体中的"性别"控件设置为组合框控件，并为该组合框控件提供列表值。

2. 在"学生信息"窗体中添加一组记录导航命令按钮控件，如图 4-64 所示，并实现相应的功能。

提示

在"命令按钮向导"对话框中，选择"类型"列表框控件中的"记录导航"进行设置。

3. 在第 2 题的基础上添加一组记录操作命令按钮控件，并实现相应的功能，如图 4-65 所示。

图 4-64　添加记录导航命令按钮控件后的窗
　　　　　体视图

图 4-65　添加两组命令按钮控件后的窗体视图

4．在第 3 题的基础上添加"学生信息"和"成绩查询"两个命令按钮控件，如图 4-66 所示，单击这两个命令按钮控件可以分别打开"学生窗体"窗体和"学生成绩查询"窗体进行查询。

图 4-66　添加四组命令按钮控件后的窗体视图

任务 7　选项按钮控件、选项组按钮控件和选项卡控件的应用

选项按钮控件用于单选选项操作；选项组按钮控件包含多个选项按钮，用于从选项组中选择其中的一项，但不能同时选择多个选项操作；选项卡控件用于将独立的页面全部创建到一个控件中操作。使用选项按钮控件、选项按钮组控件和选项卡控件前，应了解：

窗体控件功能	了解选项按钮控件、选项组按钮控件和选项卡控件的功能
控件主要属性	选项按钮控件、选项组按钮控件和选项卡控件的主要属性
控件属性设置	选项按钮控件、选项组按钮控件和选项卡控件属性的设置方法

任务 7.1　选项按钮控件

选项按钮控件用于单选选项操作，可以显示"是/否"数据类型的字段值，如是否为团员等。

【任务】"学生"表中的"团员"字段为"是/否"数据类型，设计一个"基本信息"的窗体，通过"团员"选项按钮控件来确定该学生是否为团员，如图 4-67 所示。

任务分析

在窗体中添加的"团员"控件是一个选项按钮控件，可以将选项按钮控件用作独立的控件来显示记录源的"是""否"值。

任务操作

（1）新建一个窗体，设置窗体记录源"学生"表，并添加"窗体页眉"节和"窗体页脚"节。

（2）在"窗体页眉"节中添加"学生基本信息"标签，并设置其字体和字号等属性；在

"字段列表"中分别将"学号"和"姓名"字段拖放到"主体"节中，并进行属性设置，其中"控件来源"属性分别设置为"学号""姓名"字段。

（3）单击"控件"选项组中的选项按钮◉，在"字段列表"中将"团员"字段拖放到"主体"节中，创建一个选项按钮控件，并将标签的标题设置为"团员"，设置"控件来源"属性为"团员"字段，调整控件的位置，如图 4-68 所示。

图 4-67　"基本信息"窗体　　　　　　图 4-68　添加的选项按钮控件

（4）保存该窗体，并将其命名为"基本信息"。

通过窗体中的记录导航按钮浏览记录，观察"团员"选项按钮控件的变化。

任务 7.2　选项组按钮控件

选项组按钮控件由一个组框架、一个复选框及选项按钮或切换按钮组成。使用选项组按钮控件可以在窗体或报表中显示一组限定性的选项值，但每次只能选择一个选项。在输入数据时，使用选项组按钮控件可以方便地确定字段的值。

【任务】在"学生"表中增加一个"技能证书"字段，在"基本信息"窗体中添加一个选项组按钮控件，利用该控件来确定"学生"表中"技能证书"的字段值，如图 4-69 所示。

任务分析

在"基本信息"窗体中添加选项组按钮控件，该控件包含的选项分别为"无""初级""中级""高级"，并为该控件指定一个标题"1+X 证书"。

任务操作

（1）打开"学生"表，添加一个文本类型的"技能证书"字段。

（2）打开"基本信息"窗体设计视图，单击"控件"选项组中的"使用控件向导"按钮，单击选项组按钮，在窗体中要放置选项组按钮控件的位置单击并拖动鼠标拉出一个方框至所需大小，此时弹出"选项组向导"对话框，在"标签名称"中输入所需的选项值，如图 4-70 所示。

图 4-69　添加选项组按钮控件后的窗体

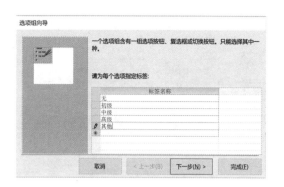

图 4-70　输入选项值

（3）单击"下一步"按钮，在弹出的对话框中指定一个默认的选项（当没有任何选择时，该选项处于选择状态）。如果不指定选项，则系统把第一个选项作为默认值，如图 4-71 所示。

（4）单击"下一步"按钮，设定选项对应值，如图 4-72 所示。当事件发生后，用来判断哪个值被选中，对话框中第 1 列为选项序列，第 2 列为选项所对应的数值。选项组向导指定第一个选项所对应的值为 1，之后的选项所对应的值依次递增。这里选择系统默认的设定值。

图 4-71　确定默认选项值

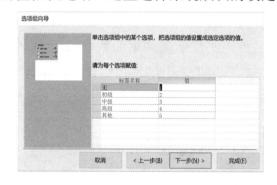

图 4-72　设定选项对应值

（5）单击"下一步"按钮，设置保存字段，单击"在此字段中保存该值"单选按钮，如图 4-73 所示，并设置选择的值保存到"技能证书"字段中。

（6）单击"下一步"按钮，选择选项组按钮的类型和样式，如图 4-74 所示。

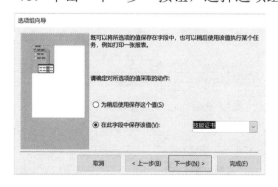

图 4-73　设定选项值的保存字段

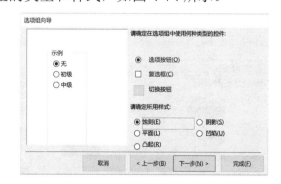

图 4-74　选项组按钮的类型和样式

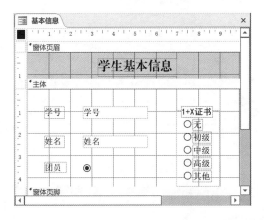

图 4-75　添加选项组按钮控件后的窗体设计视图

（7）单击"下一步"按钮，在弹出的对话框中指定选项组的标题为"1+X 证书"，单击"完成"按钮，结果如图 4-75 所示。

如果选项组绑定到字段，那么只是选项组框本身绑定到字段，而框内的复选框、切换按钮或选项按钮并没有绑定到字段。因为选项组框的"控件来源"属性被设置为选项组所绑定的字段，所以不能为选项组中的每个控件设置"控件来源"属性。与此相反，应该为每个复选框、切换按钮或选项按钮设置"选项值"或"值"属性。

在窗体或报表中，应将控件属性设置为对绑定了选项组框字段有意义的数字。在选项组中选择选项时，系统会将选项组绑定到字段的值设置为已选择选项的"选项值"或"值"属性的值。

"选项值"或"值"的属性之所以设置为数字，是因为选项组的值只能是数字，而不能是文本，系统将该数字存储在基础表中。上例中如果要在"学生"表"技能证书"中显示证书的名称而不显示选项组的数字，则可以创建一个单独的"证书"表来存储等级证书的名称，然后将"学生"表中的"技能证书"字段作为"查阅"字段来查找"证书"表中的技能证书的名称。

任务 7.3　选项卡控件

如果窗体中包含的信息很多或类别种类很多，则可以使用选项卡控件创建一个多页窗体。使用选项卡控件可以将全部的控件创建到一个独立的页面中。如果要切换页面，则单击其中一个页面即可。

【任务】设计一个包含两个页面的选项卡窗体，第一个页面（"学生信息"选项卡）显示"学生"表的有关信息，第二个页面（"学生成绩"选项卡）显示学生成绩有关信息，分别如图 4-76 和图 4-77 所示。

图 4-76　"学生信息"选项卡

图 4-77　"学生成绩"选项卡

任务分析

使用选项卡控件可以构建包含若干个页面的单个窗体或对话框，每个页面作为一个选项卡，每个选项卡都包含类似的控件，如文本框或选项按钮。当用户单击某个选项卡时，该选项卡所在页面就转入活动状态。该选项卡控件的记录源是"学生"表和"成绩"表。

任务操作

（1）新建一个窗体，在窗体设计视图中单击"控件"选项组中的"选项卡控件"按钮，在窗体设计视图中单击，自动添加两个页面的选项卡，调整页面大小，标题分别默认为"页 1"和"页 2"。

（2）在"属性表"对话框中分别将"页 1"和"页 2"两个页面的"标题"设置为"学生信息"和"学生成绩"。

（3）在"表单设计"选项卡中单击"添加现有字段"按钮，弹出"字段列表"对话框，从"字段列表"对话框中将"学生"表中的部分字段拖放到"学生信息"页面，如图 4-78 所示。使用同样的方法，从"字段列表"对话框中将相关联的"成绩"表的"学号"和"成绩"字段、"学生"表的"姓名"字段，以及"课程"表的"课程名"字段拖放到"学生成绩"页面，并适当调整各控件的大小和位置，如图 4-79 所示。

图 4-78　"学生信息"页面窗体设计视图　　　图 4-79　"学生成绩"页面窗体设计视图

提示

在窗体设计视图当前页面中右击，从弹出的快捷菜单中选择"插入页"命令，即可插入一个新选项卡；选择"删除页"命令，即可删除当前选项卡。

（4）切换到窗体视图，分别观察两个页面的设计效果，调整各控件的位置，保存该窗体，并将其命名为"选项卡窗体"。

浏览各页面内容，观察两个页面中的记录是否同步移动。

相关知识

复选框控件和切换按钮控件的应用

复选框控件、切换按钮控件和选项按钮控件三个控件都可以显示"是/否"数据类型的字段值，其中复选框控件可用于多选操作，如学生的爱好有读书、游泳、篮球、羽毛球、旅游、听音乐等；切换按钮控件与复选框控件类似，但以按钮的形式显示。

在窗体或报表中，可以将复选框控件用作独立的控件以显示来自表、查询或 SQL 语句中的"是"或"否"值。如果复选框内包含复选标记，则其值为"是"；如果不包含，则其值为"否"。复选框控件和切换按钮控件还有一个"三种状态"属性，当"三种状态"属性设置为"是"时，复选框或切换按钮控件可以表示三个值，分别是"是""否"和"Null"。

除在窗体中可以分别添加选项按钮、复选框或切换按钮控件外，如果要将添加的一个控件更改为其他控件，则可利用选项按钮、复选框和切换按钮控件互相转换。例如，如果将"基本信息"窗体中的"团员"选项按钮控件转换为复选框控件，则可在窗体设计视图中，右击该选项按钮，从弹出的快捷菜单中选择"更改为"选项中的"复选框"命令，即可将选项按钮控件转换为复选框控件，如图 4-80 所示。

图 4-80　将选项按钮控件转换为复选框控件

用同样的方法，可以将选项按钮控件转换为切换按钮控件，也可以将复选框控件转换为选项按钮控件或切换按钮控件。

利用切换按钮控件，除可以设置标题外，还可以建立图片式的切换按钮控件。方法是在切换按钮控件的"属性表"对话框中，单击"图片"属性弹出"图片生成器"对话框，设置图片标签。

做一做

1. 将图 4-67 所示的"基本信息"窗体中的"团员"选项按钮控件更改为复选框或切换按钮控件。

2. 新建一个"证书"表，在任务 7.2 的基础上，将"学生"表中的"技能证书"字段作为"查阅"字段来查找"证书"表中的技能证书的名称。

3. 创建一个含有学生基本信息、学生成绩、授课教师信息 3 个页面的窗体。

任务 8　绑定对象框控件和图像控件的应用

绑定对象框控件可在窗体中连接"OLE 对象"数据类型的字段，并且随着记录指针的移动改变图片内容。利用图像控件可在窗体中插入图片，以显示必要的信息。使用绑定对象框控件、非绑定对象控件和图像控件前，应了解：

窗体控件功能	了解绑定对象框控件、非绑定对象框控件和图像控件的功能
控件主要属性	绑定对象框控件、非绑定对象框控件和图像控件的主要属性
控件属性设置	绑定对象框控件、非绑定对象框控件和图像控件属性的设置方法

【任务】修改"信息管理"窗体，分别添加一个绑定对象框控件和一个图像控件。其中，绑定对象框控件显示"学生"表中的"照片"字段，图像控件在标题栏显示一幅图片，如图 4-81 所示。

图 4-81　添加绑定对象框控件和图像控件后的窗体

任务分析

该窗体中的图像控件为绑定对象，它存储在表中，随着记录的变化而变化。标题左侧的图片为插入的图像控件，该对象可以嵌入或链接到窗体中，嵌入到窗体中的图片是数据库的组成部分，而链接到窗体中的图片会随着图片源的变化而变化。

操作任务

（1）打开"信息管理"窗体设计视图，调整原有控件的位置，单击"控件"选项组中的"图像"按钮，单击"窗体页眉"节左侧，弹出"插入图片"对话框，选择一幅要插入的图片，并调整图片的大小和位置。

（2）双击插入的图片，弹出图像控件"属性表"对话框，选择该图片类型为"嵌入"方式，在"缩放模式"框中可以选择"缩放"、"拉伸"或"剪裁"选项，如图 4-82 所示。

（3）调整窗体中的控件布局，单击"控件"选项组中的"绑定对象框"按钮，单击"主体"节，添加一个绑定对象框控件。

（4）设置绑定对象框控件的属性，其中"控件来源"为"学生"表中的"照片"字段，修改其附属标签标题为"照片："，如图 4-83 所示。

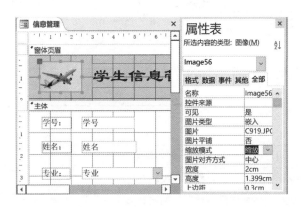

图 4-82　设置图片控件的属性　　　　图 4-83　设置绑定对象框控件的属性

（5）调整窗体各控件的布局及对齐方式，结果如图 4-84 所示。

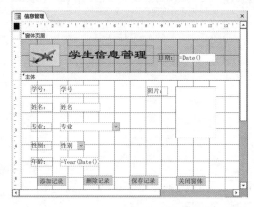

图 4-84　添加绑定对象框控件和图像控件后的窗体设计视图

提示

在窗体的设计视图中，将"字段列表"对话框中的"字段列表"窗口中的"照片"字段拖放到"主体"节中，并为其添加一个绑定对象框控件。

想一想

本任务中如果将"照片"分别设置为一个图像控件、非绑定对象框控件，当移动记录时，该照片如何变化？

虽然未绑定对象框控件和绑定对象框控件不同，但同样可以在窗体中插入其他应用软件建立的"OLE 对象"，只不过该"OLE 对象"并没有联接到表或查询中的字段上，因此，它是较为独立的控件。未绑定对象框控件的内容并不会随着记录指针的移动而改变，因而如果想随时都能看到该控件的内容，最好将其添加在"窗体页眉"或"窗体页脚"节中。

将作为图像控件和未绑定对象框控件添加的图片相比较，前者的优点是显示图片的速度较快，适合保存不需要更新的图片；后者的优点是可直接在窗体中双击修改，而且图片是未绑定对象框控件支持的数据类型之一，可以根据具体的需要来选择使用。

做一做

1．在"基本信息"窗体的"主体"节中添加"学生"表中的"照片"字段。

2．在"基本信息"窗体的"窗体页眉"节中添加一个未绑定对象框控件，其对象为图片或其他类型的文档。

3．在"基本信息"窗体的"窗体页眉"节中添加一个图像控件，使控件布局合理、美观。

任务 9　子窗体的应用

子窗体是窗体中的窗体，包含子窗体的窗体称为主窗体。主/子窗体一般用于显示具有一对多关系的表或查询中的数据，其中主窗体用于显示具有一对多关系的"一"端，子窗体用于显示具有一对多关系的"多"端。当主窗体中的记录变化时，子窗体中的记录也发生相应的变化，主窗体和子窗体相互关联。主窗体中可以包含多个子窗体，子窗体中可以包含子窗体。使用主/子窗体前，应了解：

主/子窗体功能	了解主/子窗体的功能
主/子窗体记录源	主/子窗体的记录源关联及设置
主/子窗体设计	主/子窗体的设计方法

【任务】为了便于查看学生成绩，现创建一个"学生基本信息"主窗体和"各科成绩"子窗体，如图 4-85 所示。

图 4-85　主/子窗体

任务分析

创建主/子窗体时，一种方法是使用窗体向导创建；另一种方法是首先创建子窗体，然后创建主窗体，并将子窗体插入主窗体中。第一种方法在本书前面已经介绍，下面介绍第二种方法。先创建一个子窗体，然后创建一个相关联的主窗体，把子窗体插入该主窗体中，单击"控件"选项组中的"子窗体/子报表"按钮来完成此操作。

任务操作

（1）新建"各科成绩"子窗体。使用窗体向导快速新建一个表格式窗体，记录源为"成绩"表和"课程"表，如图 4-86 所示。

（2）新建"学生基本信息"主窗体。打开窗体设计视图，设置"学生"表为窗体记录源，添加标签及字段控件，并调整控件大小和位置，设置字体、字号等，如图 4-87 所示。

图 4-86　"各科成绩"子窗体设计视图　　　　图 4-87　"学生基本信息"主窗体设计视图

（3）单击"控件"选项组中的"使用控件向导"按钮，单击"子窗体/子报表"按钮，单击"主体"节的适当位置，弹出"子窗体向导"对话框，选择新建的"各科成绩"窗体，如图 4-88 所示。

（4）单击"下一步"按钮，弹出如图 4-89 所示的对话框，单击"从列表中选择"单选按钮，两个窗体通过"学号"字段建立关联。

（5）单击"下一步"按钮，为子窗体指定一个标题，标题名称为"各科成绩"，单击"完成"按钮。此时，在主窗体中添加了一个"各科成绩"子窗体，如图 4-90 所示，且主窗体和子窗体保持记录同步。

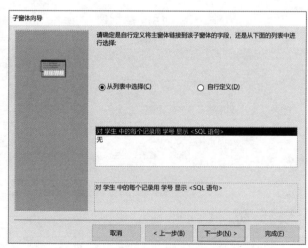

图 4-88　选择子窗体　　　　　　　　　图 4-89　设置主/子窗体关联字段

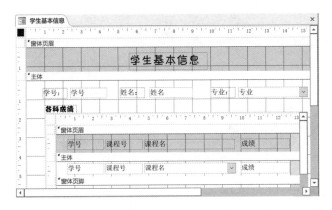

图 4-90　主/子窗体设计视图

打开主窗体后，通过主窗体的记录导航按钮可以浏览每位学生的成绩，通过子窗体的记录导航按钮可以浏览该学生各门课程的成绩。

做一做

1. 创建主/子窗体，在主窗体中显示"学生"表基本信息，子窗体的记录源为"成绩"表、"课程"表和"教师"表，显示对应学生的课程成绩，包含各门课程的授课教师。

2. 修改任务 9 中创建的主/子窗体，在子窗体中显示各门课程成绩后，最后一行显示平均成绩，如图 4-91 所示。

图 4-91　在子窗体中显示各门课程的平均成绩

提示

在子窗体"窗体页脚"节中添加文本框控件，将该控件的标题改为"平均成绩："，在"控件来源"属性框中输入表达式"=Avg([成绩])"，保留两位小数，格式为"固定"，结果如图 4-92所示。

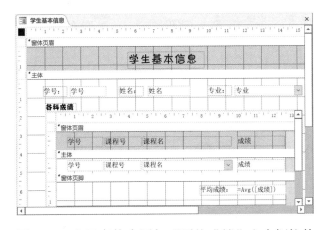

图 4-92　在子窗体中添加"平均成绩"文本框控件

习题 4

一、填空题

1. 窗体的记录源可以是表或_____。

2. 在 Access 2016 窗体中主要有_____、_____、_____等视图。

3. 一个窗体主要由_____、_____、_____、_____和_____5个节组成，其中_____是窗体的核心。

4. 文本框控件分为绑定型文本框控件和_____。

5. 在 Access 中的控件根据数据来源及属性的不同，可以分为_____、_____和_____三种类型。

6. 要为新建的窗体添加一个标题，必须使用_____控件。

二、选择题

1. 下面关于窗体的作用叙述不正确的是（　　）。

    A．可以接收用户输入的数据或命令

    B．可以编辑、显示表中的数据

    C．可以构造方便、美观的输入/输出界面

    D．可以直接存储数据

2. 在窗体中主要用于设置显示表或查询中的字段、记录等信息，也可以用来设置其他控件，是窗体不可或缺的节，该节称为（　　）。

    A．"窗体页眉"节　　B．"页面页眉"节　C．"页面页脚"节 D．"主体"节

3. 窗体由不同的对象组成，每个对象都有自己的独特的（　　）。

    A．字段窗口　　　　　B．工具栏窗口　　　C．属性窗口　　　　D．节窗口

4. 不能用来显示"是/否"数据类型数据的控件是（　　）。

    A．命令按钮控件　　　B．复选框控件　　　C．选项按钮控件　　D．切换按钮控件

5. 不支持图像控件显示模式的是（　　）。

    A．剪裁　　　　　　　B．缩放　　　　　　C．拉伸　　　　　　D．显示比例

6. 属于交互式控件的是（　　）。

    A．命令按钮控件　　　B．文本框控件　　　C．标签控件　　　　D．图像控件

7. 用于显示线条、图像的控件类型是（　　）。

    A．绑定型控件　　　　B．非绑定型控件　　C．计算型控件　　　D．附件型控件

8. 文本框可以作为计算控件，控件的来源属性中的计算表达式一般要以（　　）开头。

    A．字母　　　　　　　B．等号　　　　　　C．双引号　　　　　D．括号

9. 下面关于子窗体的叙述，正确的是（   ）。

    A．子窗体只能显示为数据表窗体   B．子窗体中不能创建子窗体

    C．子窗体可以显示为表格式窗体   D．子窗体可以存储数据

10. 假设已在 Access 中建立了包含"书名"、"单价"和"数量"三个字段的"订单"表，以该表为记录源创建的窗体中，有一个计算订购总金额的文本框，其控件来源为（   ）。

    A．[单价]*[数量]   B．=[单价]*[数量]

    C．[订单]![单价]*[订单]![数量]   D．=[订单]![单价]*[订单]![数量]

11. 窗体控件"特殊效果"属性值用于设定控件的显示效果，下列不属于"特殊效果"属性值的是（   ）。

    A．平面   B．凸起   C．蚀刻   D．透明

12. 下面关于列表框和组合框的叙述，正确的是（   ）。

    A．列表框和组合框可以包含一列或几列数据

    B．可以在列表框中输入新值，而组合框不能

    C．可以在组合框中输入新值，而列表框不能

    D．在列表框和组合框中均可以输入新值

13. 窗体中既可以直接输入文字，又可以从列表中选择输入项的控件是（   ）。

    A．选项框控件   B．文本框控件   C．组合框控件   D．列表框控件

14. 在显示具有某种关系的表或查询中的数据时，子窗体特别有效，该关系是（   ）。

    A．一对一   B．一对多   C．多对多   D．无关系

15. 窗体中该节的内容只在打印时出现在每一页的底端，它是（   ）。

    A．"窗体页眉"节   B．"页面页眉"节

    C．"窗体页脚"节   D．"页面页脚"节

16. 在窗体的视图中，既能够预览显示结果，又能够对控件进行调整的视图是（   ）。

    A．窗体设计视图   B．布局视图   C．窗体视图   D．数据表视图

17. 在代码中引用一个窗体控件时，应使用的控件属性是（   ）。

    A．Caption   B．Name   C．Tex   D．Index

18. 为窗体中的命令按钮设置单击鼠标时发生的动作，应选择设置其属性对话框的选项卡是（   ）。

    A．格式选项卡   B．事件选项卡   C．方法选项卡   D．数据选项卡

三、操作题

1. 在"教材订购"数据库中，使用窗体向导创建一个基于"教材"表的纵栏式窗体。

2. 使用窗体工具创建一个基于"教材"表的窗体。

3．创建一个基于"教材"表的多个项目窗体。

4．创建一个基于"订单"表的分割窗体。

5．使用窗体向导创建一个具有一对多关系表的窗体，数据选取"出版社"表中的"出版社 ID""出版社""出版社网页"字段，以及"教材"表中的"教材 ID""书名""作译者""定价""出版日期""版次"字段。

6．使用窗体设计视图创建一个窗体，窗体中含有"订单"表中的"订单 ID""单位""教材 ID""册数"字段，以及"教材"表中的"书名""作译者""定价""出版社 ID"字段。

7．修饰第 6 题中创建的窗体，设置控件的字体（标签控件为黑体，文本框控件、组合框控件为方正姚体）、字号（11 号）及颜色（标签控件为蓝色，文本框控件、组合框控件的为红色），并设置窗体背景。

8．创建一个包含"订单"表中的"订单 ID""单位""册数""教材 ID"字段的图表窗体。

9．使用窗体设计视图创建"教材管理"窗体，如图 4-93 所示，分别添加标签控件和文本框控件，记录源为"教材"表。

10．在第 9 题创建的"教材管理"窗体的基础上，分别添加组合框控件和命令按钮控件，并实现相应的功能，修改后的"教材管理"窗体如图 4-94 所示。

图 4-93 "教材管理"窗体

图 4-94 修改后的"教材管理"窗体

11．修改第 10 题创建的"教材管理"窗体，调整控件的位置，分别添加图像控件、教材封面图片、记录导航按钮等，添加绑定控件后的"教材管理"窗体如图 4-95 所示。

12．创建一个如图 4-96 所示的"作者信息"窗体。

图 4-95 添加绑定控件后的"教材管理"窗体

图 4-96 "作者信息"窗体

13．设计一个包含两个页面的选项卡窗体，"教材"页面显示"教材"表的记录，"作者"页面显示"作者"表的记录，如图 4-97 所示。

图 4-97　"教材作者"窗体

14．创建一个主/子窗体，主窗体显示教材信息，子窗体中显示订购该教材的订单信息。

项目 **5** 报表设计

报表为用户查看、打印和汇总信息提供了灵活的方式。使用 Access 数据库的报表功能，可以按照所需的信息级别显示信息，同时可以按照多种不同的格式打印出来，并可以对记录进行多级分组、汇总、统计等操作。

项目要求

数据库的操作之一就是将报表中的原始数据或经过加工处理过的数据按照一定的格式打印出来，这就需要首先设计报表，然后才能交给用户进行打印。本项目包含下列任务。

（1）使用系统提供的报表工具，根据要求创建报表。

（2）对报表进行美化设计。

（3）根据要求对报表中的数据进行排序、分组、汇总等较为复杂的设计。

（4）打印指定的报表。

任务 1　创建报表

报表是一种自定义的数据视图，用户既可以在屏幕上查看报表输出，也可以打印报表输出。报表的主要功能如下。

① 报表不仅可以用于打印和浏览原始数据，还可以用于对原始数据进行比较、汇总和小计，并把结果打印出来。

② 利用报表可以控制数据的汇总，以多种方式对数据进行分组和分类，然后以分组和分类的顺序打印数据。

③ 利用报表可以生成清单、标签、图表等形式的输出内容。

④ 报表输出内容的格式可以按照用户的需求定制，从而使报表的输出更美观，更易于阅读和理解。

在报表上可以添加页眉和页脚，还可以添加图形、图表以帮助说明数据的含义。

在 Access 数据库中，系统也为创建报表提供了方便的向导功能，利用报表工具和报表向导可以快速创建报表。

创建报表的主要步骤如下。

（1）定义报表布局。

（2）收集报表数据。

（3）创建报表。

（4）打印或查看报表。

（5）保存报表。

创建报表前，应了解：

创建报表的目的	为什么要创建报表
选择报表的类型	创建哪种类型的报表
报表记录源	报表的记录源来自表或查询

任务 1.1 使用报表工具创建报表

使用报表工具可以快速创建一个显示表或查询中所有字段和记录的报表。

【任务】在"成绩管理"数据库中，以"教师"表为记录源，使用报表工具创建一个报表，如图 5-1 所示。

图 5-1 报表布局视图

任务分析

如果用户对报表没有特殊的要求，则使用报表工具可以快速创建一个报表，该报表将显示指定记录源中的所有字段。

任务操作

（1）打开"成绩管理"数据库，在左侧导航窗格中选择要作为创建报表记录源的"教师"表。

（2）单击"创建"选项卡"报表"选项组中的"报表"按钮，系统自动在报表布局视图中生成报表。

（3）保存该报表，并将其命名为"教师"。

使用报表工具可能无法创建完美的报表，如果对使用报表工具创建的报表不满意，则可以在报表布局视图或设计视图中进行修改，以满足用户的需求。

想一想

使用报表工具生成报表时，报表记录源能否为查询？

任务 1.2　使用报表向导创建报表

使用报表向导创建报表时，可以从多个表或查询中选择字段，在报表中对记录进行分组、排序、计算汇总数据等操作。

【任务】以"成绩"表、"学生"表和"课程"表为记录源，使用报表向导，按"课程"表中的课程名创建分组报表，并计算每位学生各门课程的平均成绩。

任务分析

本任务以"成绩"表、"学生"表和"课程"表为记录源，分别选取"成绩"表中的"学号""课程号""成绩"字段，"学生"表中的"姓名"字段，以及"课程"表中的"课程名"字段，计算学生每门课程的平均成绩，并按照课程名进行分组。

任务操作

（1）单击"创建"选项卡"报表"选项组中的"报表向导"按钮，弹出"报表向导"对话框，分别选取"成绩"表中的"学号""课程号""成绩"字段，"学生"表中的"姓名"字段，以及"课程"表中的"课程名"字段，注意各字段的选择顺序，如图 5-2 所示。

（2）单击"下一步"按钮，弹出如图 5-3 所示的对话框，设置报表分组。选择通过"课程"表，按照"课程名"字段进行分组，报表将以该字段为分组标准，将所有与该字段值相同的记录作为一组。

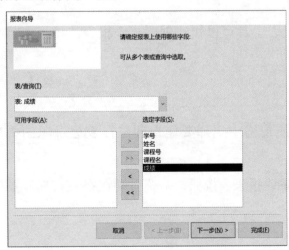

图 5-2　选择字段

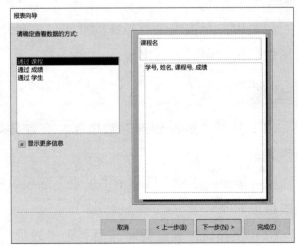

图 5-3　设置报表分组

（3）单击"下一步"按钮，在弹出的如图 5-4 所示的对话框中设置报表分组级别。在为报表设置分组级别时，可以选择多个字段进行多级分组，系统将按照分组级别高的字段分组。如果该字段值相同，则按照下一个字段级别进行分组，以此类推。本任务只按照"课程名"进行分组。

如果设置多项分组，则可以单击"分组选项"按钮，在弹出的"分组选项"对话框中选择分组时的不同间隔方式。不同类型的字段有不同的间隔方式。例如，字符类型字段有普通、第一个字母、两个首写字母、三个首写字母等间隔方式；数字类型字段有普通、10、50、100等间隔方式；日期/时间类型字段有年、季、月、周、日、时、分等间隔方式。

（4）单击"下一步"按钮，弹出如图 5-5 所示的设置报表排序对话框，用以确定排序顺序和数据汇总方式。例如，按照"学号"字段升序排序。

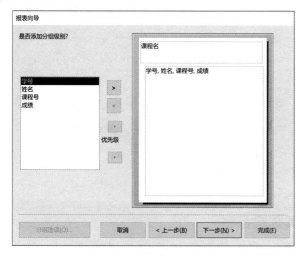

图 5-4　设置报表分组级别

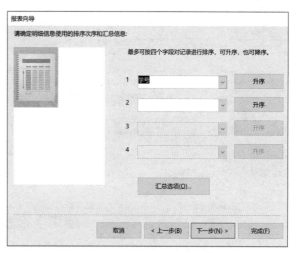

图 5-5　设置报表排序对话框

在设置报表排序字段时，最多按照四个字段进行排序。如果第一个字段值相同，则按照第二个字段值进行排序，以此类推。

（5）单击"汇总选项"按钮，弹出"汇总选项"对话框，在该对话框中可以设置数值字段的汇总方式及显示方式，汇总方式包括"汇总""平均""最小""最大"，如图 5-6 所示。

（6）单击"确定"按钮，在如图 5-7 所示的确定报表布局方式对话框中，选择报表类型。每种报表布局都会在窗口左侧显示对应的布局方式图例。显示方向分为"纵向"和"横向"两种方式。

如果报表中字段所占空间较大，则可勾选"调整字段宽度，以便使所有字段都能显示在一页中"复选框，否则，当报表中的字段总长超过系统默认的纸张总宽度时，多余字段将显示或打印在另一页上。

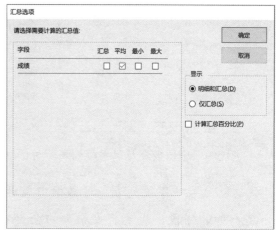

图 5-6　"汇总选项"对话框

（7）单击"下一步"按钮，为创建的报表指定标题。例如，指定报表标题为"学生成绩"。单击"完成"按钮，预览报表，如图 5-8 所示。

从预览报表中可以看出，该报表按照"课程名"进行了分组，并且计算出了每门课程的平均成绩。

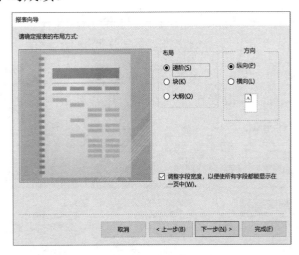

图 5-7　确定报表布局方式对话框　　　　　图 5-8　预览"学生成绩"报表

相关知识

使用空报表工具创建报表

使用空报表工具创建报表时可以首先创建空白报表，然后在空白报表中添加字段或控件，并设计报表。例如，以"学生"表为记录源，首先使用空报表工具创建报表，然后将"学生"表中的"学号""姓名""性别""出生日期""团员""专业""家庭住址"字段拖放到空白报表中。

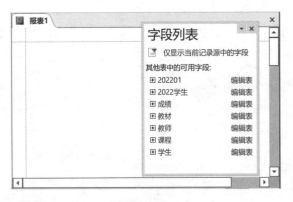

图 5-9　空白报表及"字段列表"对话框

（1）单击"创建"选项卡"报表"选项组中的"空报表"按钮，系统自动在报表布局视图中创建一个空白报表，并弹出"字段列表"对话框，如图 5-9 所示。

（2）在"字段列表"对话框中展开要在报表中添加的字段列表，如"学生"表，双击要添加的字段，或者将要添加的全部字段逐个或全部拖放到报表中，再适当调整各列的宽度，报表布局视图如图 5-10 所示。

（3）保存创建的报表，并将其命名为"学生信息"。

如果要查看报表设计视图，则可单击"开始"选项卡"视图"选项组中的"设计视图"下拉按钮，切换到报表设计视图，结果如图 5-11 所示。

图 5-10 报表布局视图 　　　　　图 5-11 报表设计视图

做一做

1. 在"成绩管理"数据库中，以"学生"表为记录源，使用报表工具创建一个报表。

2. 以"学生"表为记录源创建报表，按照"专业"进行分组，并统计各专业学生的平均入学成绩。

任务 2　使用报表设计视图创建报表

使用报表设计视图创建报表时，应首先新建一个空白报表，然后指定报表的记录源，再添加报表控件，最后设置报表分组、计算汇总信息等。通常，只有简单的报表才会使用报表设计视图从空白报表开始创建一个新的报表，而其他类型的报表都是首先使用报表向导创建报表的基本框架，然后切换到报表设计视图，再对所创建的报表进行美化和修饰，使其功能更加完善。使用报表设计器创建报表前，应明确：

报表布局	报表控件布局
报表记录源	报表的记录源是表还是查询
设计报表	应用控件及修饰美化报表

【任务】以前面创建的"学生成绩查询"为记录源，使用报表设计视图创建"成绩报表"，如图 5-12 所示。

图 5-12　成绩报表

任务分析

该报表是一个表格形式的报表，查看"学生成绩查询"，再以该查询为报表记录源，如同创建窗体一样，从"字段列表"对话框中将字段拖放到报表设计视图中，即可创建报表。

任务操作

（1）新建报表。单击"创建"选项卡"报表"选项组中的"报表设计"按钮，系统自动打开报表设计视图，并创建一个空白报表。如果没有弹出"属性表"对话框，则可单击"工具"选项组中的"属性表"按钮，即可弹出"属性表"对话框，如图 5-13 所示。

（2）设置记录源。单击"报表选择器"按钮，在"属性表"对话框"全部"选项卡的"记录源"下拉列表中，选择"学生成绩查询"作为报表记录源。

（3）添加字段标题。单击"控件"选项组中的"标签"按钮，在报表"页面页眉"节中依次添加 4 个标签控件，标签控件的标题分别为"学号""姓名""课程名称""成绩"，并在标签控件下添加一条直线控件，如图 5-14 所示。

图 5-13　报表设计视图

图 5-14　添加字段标题后的报表设计视图

（4）添加报表字段。从"字段列表"对话框中将"学号""姓名""课程名""成绩"字段依次拖放到"主体"节中，在"主体"节中添加 4 个文本框控件，删除附加标签控件，调整文本框控件的位置，结果如图 5-15 所示。

（5）切换到报表视图，浏览报表设计效果，如图 5-16 所示。从报表视图中可以看出，每个字段值添加了边框，如果要去掉边框，则可切换到报表设计视图，在"属性表"对话框中单击"学号"字段，将"边框样式"设置为"透明"。用同样的方法，设置其他字段的边框样式，结果如图 5-12 所示。

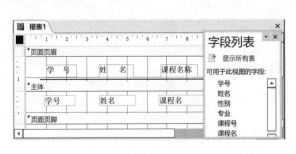

图 5-15　添加字段后的报表设计视图

图 5-16　报表设计效果

（6）保存当前创建的报表，并将其命名为"成绩报表"。

想一想

报表的页面页眉和报表页眉有什么不一样？如何删除已添加的报表页眉和页脚？能否只删除报表页脚而不删除报表页眉？

相关知识

报表结构

报表和窗体类似，也由五个部分组成，每个部分称为节。默认方式下由"页面页眉""主体""页面页脚"三个节组成，如图 5-15 所示。右击报表设计视图，从弹出的快捷菜单中选择"报表页眉/页脚"命令，即可添加"报表页眉"和"报表页脚"两个节。在分组报表时，还可以增加相应的"组页眉"节和"组页脚"节，如图 5-17 所示。

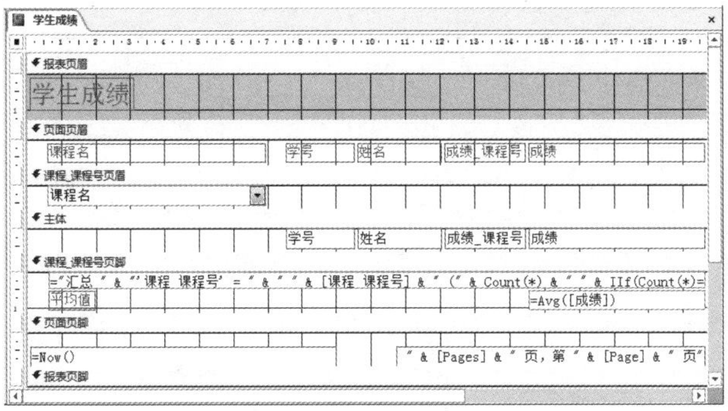

图 5-17 "学生成绩"报表结构

1. "报表页眉"节

"报表页眉"节是整个报表的页眉，显示或打印在报表的首部，它的内容在整个报表中只显示或打印一次，常用来存放整个报表的内容，包括公司名称、标志、制表时间和制表单位等信息。"报表页眉"节和"报表页脚"节的添加和删除总是成对进行的，不能分开。

2. "页面页眉"节

"页面页眉"节中的内容显示在每一页的最上方。其主要作用是显示字段标题、页号、日期和时间等信息。一个典型的"页面页眉"节包括页数、报表标题和字段选项卡等。"页面页眉"节和"页面页脚"节的添加和删除总是成对进行的，不能分开。

3. "主体"节

"主体"节是报表的主要部分。可以将工具箱中的各种控件添加到"主体"节中，也可将数据表中的字段直接拖放到"主体"节中用于显示数据内容。

"主体"节是报表的关键部分，不能删除。如果特殊报表中不需要显示"主体"节，则可以在其"属性表"对话框中将"主体"节的"高度"设置为"0"。

4. "页面页脚"节

"页面页脚"节中的内容显示在每一页的最下方。其主要作用是显示页号、制表人、审核人或其他信息。在一个较大报表的"主体"节中可能会有很多记录，这时通常将报表"主体"节中分组的记录总数显示在"页面页脚"节中。

5. "报表页脚"节

"报表页脚"节只显示在整个报表的末尾,但它并不是整个报表的最后一节,而是显示在最后一页的"页面页脚"节之前。其主要作用是显示有关数据的统计信息,如总计、平均值等信息。

6. "组页眉"节和"组页脚"节

在分组报表中将会自动显示"组页眉"节和"组页脚"节。"组页眉"节显示在组开头,可以利用"组页眉"节显示整个组的内容,如组名称。"组页脚"节显示在组末尾,可以利用"组页脚"节显示整个组的总计等内容。

做一做

使用报表设计视图创建一个以"学生"表为记录源的报表,其报表设计视图如图 5-18 所示。

图 5-18 "学生信息 1"报表设计视图

任务 3 美化报表

如果想创建更加专业和更具个性的报表,则可以在报表设计视图中对使用报表向导创建的报表进行编辑、修改。修饰报表前,应掌握:

报表布局	报表控件布局及控件修饰
徽标日期控件	报表中的徽标、日期时间的设置
美化报表	报表设计符合行业要求或习惯

【任务】对前面创建的"学生信息"报表(见图 5-10)进行美化设计,为该报表添加标题"学生基本信息"、报表徽标、报表日期及报表页码。

任务分析

每个报表的开头都有一个标题,一般位于"报表页眉"节;同时为美化报表,在报表页眉中还添加公司的 logo、报表日期等；对于多页报表，通常每页还要添加报表页码，报表页码可以插入"页面页眉"或"页面页脚"节中。Access 系统为添加这些控件提供了一组控件按钮。

任务操作

1．添加报表标题

（1）报表标题通常添加在"报表页眉"节中，"学生信息"报表标题为"学生基本信息"。在报表设计视图中打开"学生信息"报表，如图 5-19 所示，右击报表设计视图，添加"报表页眉"节和"报表页脚"节。

（2）单击"设计"选项卡"页眉/页脚"选项组中的"标题"按钮，自动在"报表页眉"节中添加标签控件，输入标题"学生基本信息"，调整标题的字体、字号、位置等，如图 5-20 所示。

图 5-19　"学生信息"报表设计视图　　　　　　图 5-20　添加报表标题

提示

在添加标题标签控件时，在标题标签控件的左侧附加一个 logo 区域，在右侧分别附加日期和时间区域，可以分别添加徽标、报表日期和时间。

2．添加报表徽标和日期

（1）在如图 5-20 所示的报表设计视图中，单击"设计"选项卡"页眉/页脚"选项组中的"徽标"按钮，弹出"插入图片"对话框，选择一幅图片，将该图片作为报表徽标添加到"报表页眉"节中。

（2）单击"设计"选项卡"页眉/页脚"选项组中的"日期和时间"按钮，弹出"日期和时间"对话框，选择添加日期或时间，如选择"包含日期"选项，在"报表页眉"节中添加日期文本框，调整其位置和大小后，效果如图 5-21 所示。

图 5-21　添加徽标和日期的报表设计视图

3．添加报表页码

（1）打开"学生信息"报表设计视图，单击"设计"选项卡"页眉/页脚"选项组中的"页码"按钮，弹出"页码"对话框，选择页码的格式和位置，如图 5-22 所示。

（2）单击"确定"按钮，在报表的"页面页脚"节中添加页码，调整其位置和大小后，效果如图 5-23 所示。

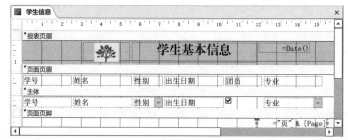

图 5-22　"页码"对话框 　　　　　　　　　图 5-23　添加日期和页码控件

（3）切换到报表视图，效果如图 5-24 所示。

图 5-24　报表视图

（4）保存对报表所做的修改。

 做一做

1．在"学生成绩 1"报表中添加报表标题"学生成绩报表"，并添加日期和时间。

2．在"学生成绩 1"报表的"页面页眉"节中添加页码。

3．在"学生成绩 1"报表中插入一幅图片作为背景，图片类型为嵌入，缩放模式为剪辑。

想一想

报表中除了使用"徽标"按钮插入 logo，还可以使用哪个控件插入 logo？

任务 4　报表数据排序和分组

报表中的数据排序是指按照某个字段值进行排序输出，一般用于整理数据记录，以便查找或打印。分组是指将报表中所有具有共同特征的相关记录排列在一起，并且可以为同组记录设置要显示的汇总信息。报表数据排序或分组前，应了解：

排序分组目的	为什么要对报表结果进行排序或分组
排序分组设置	报表结果排序或分组的设置
排序分组结果	查看报表排序或分组结果是否正确

任务 4.1 报表记录排序

【任务】修改如图 5-24 所示的"学生信息"报表，按照"出生日期"字段升序排序。

任务分析

在报表布局视图或设计视图中，利用"分组和排序"按钮可以设置排序字段。

任务操作

（1）在报表布局视图中打开"学生信息"报表，在"设计"选项卡"分组和汇总"选项组中，单击"分组和排序"按钮，在报表视图的下半部分添加"分组、排序和汇总"窗格，如图 5-25 所示。

（2）单击窗格中的"添加排序"按钮，弹出"字段排序"对话框，在该对话框中选择要排序的"出生日期"字段，在"分组、排序和汇总"窗格中出现"排序依据 出生日期"行，默认为升序排序，如图 5-26 所示。

（3）在报表布局视图中可以直接预览按照"出生日期"字段升序排序的结果，如图 5-27 所示。

图 5-25 "分组、排序和汇总"窗格

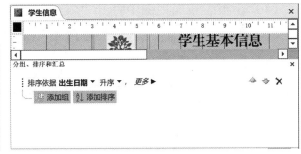

图 5-26 设置排序字段

图 5-27 按照"出生日期"字段升序排序的结果

（4）保存修改后的报表。

如果要取消排序，则可在"分组、排序和汇总"窗格中选择作为排序依据的行，单击该行右侧的"删除"按钮即可。

提示

在报表布局视图中，右击要排序的字段值，在弹出的快捷菜单中选择"升序"或"降序"命令，即可直接按照该字段进行排序。

任务 4.2 报表记录分组

通过分组可以将相关记录组合在一起，还可以为每一个分组数据进行汇总，以提高报表的可读性。在建立报表时，可以按照不同数据类型的字段对记录分组，如文本、数字、货币、日期/时间等字段，但不能对 OLE 对象、超链接等类型的字段进行分组。

【任务】修改"学生信息"报表，按照"专业"字段对记录进行分组，并按照"学号"字段升序排序。

任务分析

创建报表后，可以在报表布局视图或设计视图中按照"专业"字段进行分组。建立分组有两种方法，一种方法是右击该字段，从弹出的快捷菜单中选择相应的命令；另一种方法是在"分组、排序和汇总"窗格中对分组字段进行排序，然后添加分组。

任务操作

（1）在报表布局视图中打开"学生信息"报表，观察记录排列情况。

（2）右击要分组的"专业"字段值，从弹出的快捷菜单中选择"分组形式 专业"命令，将记录按照"专业"字段进行分组，如图 5-28 所示。

（3）右击要排序的"学号"字段值，从弹出的快捷菜单中选择"升序"命令，在分组的记录中按照"学号"字段升序排序。

（4）切换到报表设计视图，可以看到在"专业页眉"节中添加了用于分组的"专业"字段，如图 5-29 所示。

图 5-28 按照"专业"字段分组的报表布局视图

图 5-29 "学生信息"报表设计视图

同样，可以设置按照多个字段进行分组，在对第一个字段分组的前提下，对同组中的记录按照第二个字段进行分组，以此类推。

在如图 5-28 所示的报表中，"专业"字段在报表中的位置自动发生变化，如果位置不合适，则可以调整其位置。例如，将"专业"字段标签、字段控件调整到报表的最左端。

如果要更改报表排序和分组顺序，则可以在报表布局视图或设计视图的下半部分的"分组、排序和汇总"窗格中，单击右侧的箭头 调整分组或排序顺序。如果要删除分组或排序依据，则在"分组、排序和汇总"窗格中单击右侧的删除按钮即可。

做一做

1. 对"学生信息"报表首先按照"专业"字段排序，然后按照"出生日期"字段排序。

2. 使用"分组、排序和汇总"窗格对"学生信息"报表首先按照"专业"字段排序，然后按照"专业"字段进行分组。

3. 在第 2 题分组的基础上按照"性别"字段进行分组。

想一想

如何应用如图 5-25 所示的窗格对报表记录进行分组？

任务 5　报表数据汇总

有时需要对报表分组中的数据或整个报表数据进行汇总。数据汇总分为两种，一种是按组汇总，另一种是对整个报表进行汇总。报表数据汇总，应了解：

数据汇总目的	为什么要对报表数据进行汇总
数据汇总设置	报表数据汇总的设置
汇总结果应用	查看报表数据汇总结果是否正确

【任务】对"成绩报表"按照"学号"字段进行分组，分别统计每位学生各门课程的平均成绩、最高成绩和最低成绩，如图 5-30 所示。

任务分析

该报表需要先按照"学号"进行分组，然后分别统计每位学生各门课程的成绩。分组汇总各门课程的平均成绩、最高成绩、最低成绩，汇总时需要用到表达式，在文本框中输入计算表达式时，要在函数或表达式的前面加上等号"="，如"=Avg([成绩])"。

图 5-30　报表数据统计汇总

任务操作

（1）建立分组。在报表布局视图中打开"成绩报表"，如图5-12所示，右击"学号"字段值，从弹出的快捷菜单中选择"分组形式 学号"命令，按照"学号"字段对报表进行分组，如图5-31所示。

（2）计算平均成绩。单击"成绩"列数据，在"报表布局设计"选项卡"分组和汇总"选项组中，单击"合计"下拉按钮，选择"平均值"选项，系统自动将平均成绩添加在每个"组页脚"节中；右击其中一个平均成绩，选择"设置题注"选项，添加平均成绩题注，将其修改为"平均成绩："，如图5-32所示。

图5-31　按照"学号"字段分组

图5-32　添加平均成绩计算控件

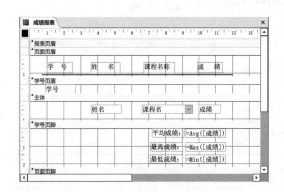

图5-33　在"学号页脚"节中添加计算控件

（3）切换到报表设计视图，可以看到在"学号页脚"节中添加了用于计算平均成绩的计算文本框控件，其控件来源属性值为"=Avg([成绩])"，并添加了附属标签控件"平均成绩："。

分别在"学号页脚"节中添加计算最高成绩和最低成绩计算文本框控件，其控件来源属性值分别为"=Max([成绩])"和"=Min([成绩])"，并添加附属标签控件，如图5-33所示。

（4）切换到报表视图，结果如图5-30所示，保存修改的报表设置。

相关知识

聚合函数

如果在报表中要汇总每个分组的数据，则需要在"组页眉"节或"组页脚"节中添加一个文本框控件，并在该文本框控件中输入计算表达式。如果在报表中要汇总整个报表的数据，则需要在"报表页眉"节或"报表页脚"节中添加一个计算文本框控件，并在该计算文本框控件中输出显示所需要的数据。报表中常用的聚合函数及功能如表5-1所示。

表 5-1　报表中常用的聚合函数及功能

聚 合 函 数	功　　能
Sum()	计算所有记录或记录组中指定字段值的总和
Avg()	计算所有记录或记录组中指定字段值的平均值
Min()	计算所有记录或记录组中指定字段值的最小值
Max()	计算所有记录或记录组中指定字段值的最大值
Count()	计算所有记录或记录组中指定记录的个数

做一做

1. 在"学生信息"报表中添加一个计算文本框控件，用于显示学生的入学成绩，如图 5-34 所示。

图 5-34　添加"入学成绩"字段

2. 在"学生信息"报表中按照"专业"字段进行分组的基础上，分别统计各专业学生的平均入学成绩。

3. 在"成绩报表"的"报表页脚"节中添加计算文本框控件，在该计算文本框控件中显示全部课程的总平均成绩。

任务 6　创建子报表

为了在复杂的报表中将数据以更加清晰的结构显示出来，可以在报表中添加子报表。子报表是一个插入另一个报表中的报表。在报表中插入子报表后，该报表即成为多个报表的组合，其中包含子报表的报表为主报表。通常情况下，主报表与子报表之间存在一对多的联系，主报表用来显示"一"端的数据记录，子报表用来显示"多"端的数据记录。创建子报表主要有两种方式，一种方式是在现有的报表中创建子报表；另一种方式是将现有报表作为子报表插入另一个报表中。建立子报表前，应了解：

主/子报表功能	了解主/子报表的功能
主/子报表记录源	主/子报表的记录源关联及设置
主/子报表设计	主/子报表的设计方法

【任务】创建一个以"学生"表为记录源的主报表"学生_信息"，并在主报表中创建一个用于显示每位学生每门课程成绩的子报表"成绩_子报表"，如图 5-35 所示。

任务分析

"学生_信息"主报表中含有学生的相关信息，"成绩_子报表"是对应主报表中该学生的每门课程的成绩，这样便于查看每位学生的基本信息及课程成绩。创建子报表可以利用"控件"选项组中的"子窗体/子报表"按钮来创建。

任务操作

（1）创建"学生_信息"主报表。单击"创建"选项卡"报表"选项组中的"报表设计"按钮，打开空白的报表设计视图。在"页面页眉"节中添一个标签控件，并将其标题命名为"学生信息管理"。

（2）切换到"设计"选项卡，打开"字段列表"对话框，展开"学生"字段列表，依次将"学号""姓名""性别""专业"字段拖放到"主体"节中，并调整控件的位置和字体大小，如图 5-36 所示。

图 5-35 "学生信息管理"主/子报表

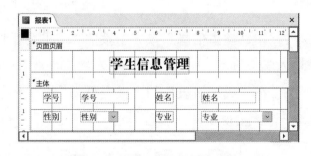

图 5-36 "学生_信息"主报表

（3）创建"成绩_子报表"。先单击"控件"选项组中的"使用控件向导"按钮，然后单击"子窗体/子报表"按钮，在报表"主体"节中选择要放置子报表的位置并单击，弹出"子报表向导"对话框，再单击"使用现有的表和查询"单选按钮，如图 5-37 所示。

（4）单击"下一步"按钮，弹出如图 5-38 所示的选择子报表字段对话框，分别将"成绩"表的"课程号""成绩"字段和"课程"表的"课程名"字段添加到"选定字段"列表中，注意字段的添加顺序。

（5）单击"下一步"按钮，弹出如图 5-39 所示的建立子报表与主报表之间的关联的对话框，选择默认的"从列表中选择"单选按钮，将子报表通过"学号"字段链接到主报表，即建立子报表与主报表之间的关联。

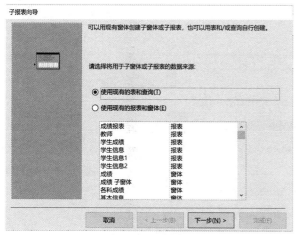

图 5-37　选择子报表数据来源

图 5-38　选择子报表字段对话框

（6）单击"下一步"按钮，弹出为子报表指定标题对话框，输入标题"成绩_子报表"，单击"完成"按钮，在主报表中创建子报表，建立的主/子报表设计视图如图 5-40 所示。

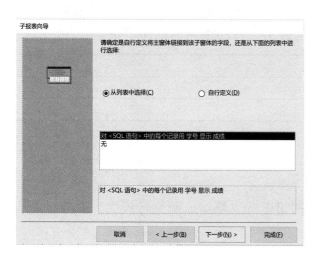

图 5-39　建立子报表与主报表之间的关联的对话框

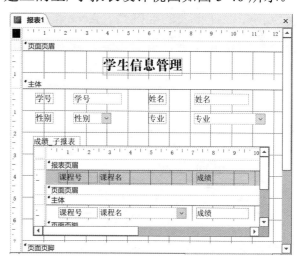

图 5-40　建立的主/子报表设计视图

（7）单击"保存"按钮，保存该报表，并将其命名为"学生_信息"。

在创建主/子报表时，如果子报表已经存在，则在如图 5-37 所示的对话框中，单击"使用现有的报表和窗体"单选按钮，即可直接将子报表添加到主报表中。

想一想

如何将一个报表作为子报表添加到主报表中？

做一做

1．修改本任务创建的主/子报表的记录源，在主报表中显示 2022 级学生的信息，在子报表中显示对应的课程成绩。

2．建立一个主/子报表，主报表显示课程号、课程名，子报表显示选修这门课程的学生的学号、姓名及成绩，如图 5-41 所示。

图 5-41　建立的主/子报表视图

任务 7　打印报表

设计报表的最终目的就是将报表打印出来。为了节约纸张和提高工作效率，在打印报表之前应首先保证报表的准确性。Access 提供了打印预览功能，可以根据预览所显示的报表来调整报表的布局及进行页面设置，使其达到满意的效果。打印报表前，应了解：

报表页面设置	根据需求对报表页面进行设置
报表打印预览	打印前进行必要的打印预览
报表打印	打印报表

任务 7.1　页面设置

在正式打印报表前应对报表进行打印设置。打印设置主要对页面进行设置，其目的是保证打印出来的报表既美观又便于使用。

【任务】在打印"学生成绩"报表之前，对该报表进行页面设置。

任务分析

页面设置可以设置打印机型号、纸张大小、页边距、打印对象在页面中的打印方式及纸张方向等内容。

任务操作

（1）在报表布局视图或设计视图中打开"学生成绩"报表，单击"页面设置"选项卡"页面布局"选项组中的"页面设置"按钮，弹出"页面设置"对话框，如图 5-42 所示，该对话框中包括"打印选项""页""列"3 个选项卡。

（2）"页面设置"对话框中的有关设置如下。

图 5-42　"页面设置"对话框

① 打印选项：设置页边距，以及是否只打印数据。页边距是指页面的上、下、左、右距离页面边缘的距离，设置好后系统在"示例"中给出示意图。"只打印数据"是指只打印绑定型控件中来自表或查询中的字段的数据。

② 页：设置打印方向、选择纸张大小和打印机型号。

③ 列：设置报表的列数、列宽，以及高度和列的布局，只有当"列数"为两列以上时，才可以选择"列布局"中的"先列后行"或"先行后列"。

（3）单击"确定"按钮，完成页面设置。通过打印预览，可以预览对页面的设置效果。

任务7.2　预览与打印报表

1. 预览

打印报表之前，可以先对报表进行预览。预览报表是指将要打印的报表以打印时的布局格式完全显示出来，这样既可以快速查看整个报表打印的页面布局，也可以查看数据的准确性。操作方法是在"设计"选项卡"视图"选项组中单击"打印预览"按钮，以预览该报表。

2. 打印报表

对报表预览确认无误后，可以对报表进行打印。首次打印报表时，Access 将检查页边距、列和其他页面设置选项，以保证打印的正确性。

（1）在 Access 窗口中选择要打印的报表，或者在报表设计视图、布局视图中打开相应的报表。

（2）单击"文件"选项卡中的"打印"按钮，弹出如图 5-43 所示的"打印"对话框。

图 5-43 "打印"对话框

（3）如果连接多台打印机，则可在打印机"名称"下拉列表中选择要使用的打印机型号。单击"属性"按钮，可以对纸张的大小和方向等进行设置。在"打印范围"中可设置打印所有页或要打印的页数。在"份数"中可指定要打印的份数，并设置是否逐份打印。如果需对页面进行重新设置，则可以单击"设置"按钮进行设置。

（4）单击"确定"按钮，开始打印报表。

习题5

一、填空题

1. 使用报表向导创建报表时，如果对记录进行排序，则最多可以设置_____个字段排序。

2. 报表设计视图在默认方式下由_____、_____和_____三个节组成，可以添加_____和_____两个节；在分组报表时，还可以添加相应的_____和_____。

3. 报表时可以通过设置_____，对报表进行同组数据的汇总和显示输出。

4. 如果要设计出带表格线的报表，则需要向报表中添加_____控件以完成表格线。

5. 如果要在整个报表的最后输出信息，则需要在报表的_____节中进行设置。

6. 报表"页面设置"对话框中包括_____、_____和_____三个选项卡。

7. 在打印报表前，通常先进行页面设置和_____，然后对报表进行打印。

二、选择题

1. 下列不属于报表视图模式的是（　　）。

　　A. 报表设计视图　　　B. 打印预览　　　C. 打印报表　　　D. 报表布局视图

2. 下列不属于报表节的名称的是（　　）。

　　A. "主体"节　　　　　　　　　　　　B. "组页眉"节

　　C. "表头"节　　　　　　　　　　　　D. "报表页脚"节

3. "报表页眉"节的作用是（   ）。

   A. 显示报表的标题、图形或说明性文字

   B. 显示整个报表的汇总说明

   C. 显示报表中的字段名称或记录的分组名称

   D. 打印表或查询中的记录

4. 下列关于报表对数据处理的叙述中，正确的是（   ）。

   A. 报表只能输入数据　　　　　　　　B. 报表只能输出数据

   C. 报表可以输入和输出数据　　　　　D. 报表不能输入和输出数据

5. 在报表中改变一个节的宽度将（   ）。

   A. 只改变这个节的宽度

   B. 只改变报表的页眉、页脚的宽度

   C. 改变整个报表的宽度

   D. 因为报表的宽度是确定的，所以不会有任何改变

6. 在报表设计中，以下可以作为绑定控件以显示普通字段数据的是（   ）。

   A. 文本框控件　　　 B. 标签控件　　　 C. 命令按钮控件　　 D. 矩形控件

7. 在报表设计视图中，为"页面页眉"节中添加日期时，正确的函数格式是（   ）。

   A. ="Date"　　　　　 B. ="Date()"　　　 C. =Date()　　　　 D. =Date

8. 用于显示整个报表的计算汇总或其他的统计数字信息的节是（   ）。

   A. "报表页脚"节　　　　　　　　　 B. "页面页脚"节

   C. "主体"节　　　　　　　　　　　 D. "页面页眉"节

9. 用户和数据库交互的界面是（   ）。

   A. 表　　　　　　　 B. 查询　　　　　 C. 窗体　　　　　　 D. 报表

10. Access 中以一定的输出格式表现数据的对象是（   ）。

    A. 表　　　　　　　 B. 查询　　　　　 C. 窗体　　　　　　 D. 报表

11. 若要在报表每一页底部输出信息，则需要设置的是（   ）。

    A. "页面页脚"节　　　　　　　　　 B. "报表页脚"节

    C. "页面页眉"节　　　　　　　　　 D. "报表页眉"节

12. 若要修改数据表中的数据记录，则可在（   ）中进行设置。

    A. 报表　　　　　　 B. 窗体视图　　　 C. 报表设计视图　　 D. 报表布局视图

13. 以下关于报表记录源设置的叙述中，正确的是（   ）。

    A. 只能是表对象　　　　　　　　　 B. 只能是查询对象

    C. 可以是表或者查询对象　　　　　 D. 可以是任意对象

三、操作题

1. 在"教材订单"数据库中，使用报表工具创建一个以"教材"表为记录源的报表。

2. 使用报表向导创建一个基于"订单"表的"订单"报表，按照"订单ID"字段进行分组，按照"教材ID"字段升序排序，并对"册数"进行汇总，报表样式为"原点"，"订单"报表视图如图5-44所示。

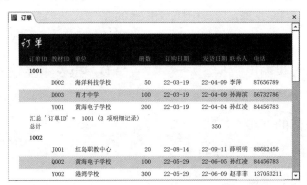

图5-44 "订单"报表视图

3. 以"订单"表和"教材"表为记录源，创建一个"学校订购信息"报表，并按照"单位"字段进行分组，对每个单位的订购教材金额（=[册数]*[定价]）进行汇总，"学校订购信息"报表视图如图5-45所示，其报表设计视图如图5-46所示。

图5-45 "学校订购信息"报表视图　　　　图5-46 "学校订购信息"报表设计视图

4. 创建一个以"教材"表为记录源的主报表"教材订购信息"，再创建一个基于"订单"表的子报表"订单信息"。在主报表中每显示一本教材的记录，就可以在子报表中观察该教材的订购情况，"教材订购信息"主/子报表视图如图5-47所示，其报表设计视图如图5-48所示。

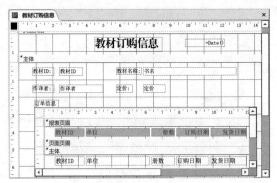

图5-47 "教材订购信息"主/子报表视图　　　　图5-48 "教材订购信息"主/子报表设计视图

5. 创建"教材查询窗体",其报表视图如图 5-49
所示,通过窗体输入教材 ID,单击"预览报表"或"打
印报表"命令按钮,运行第 4 题创建的"教材订购信
息"主/子报表,预览或打印该教材的基本信息和订购
信息。

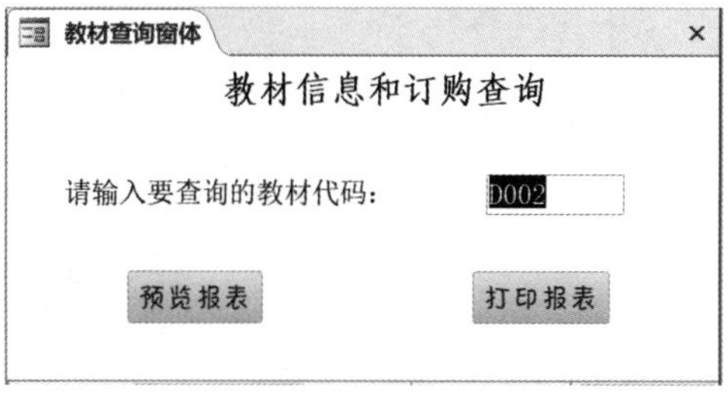

提示

(1)新建"教材查询窗体",在窗体中分别添加标
签、文本框和命令按钮控件。

(2)创建"教材查询"参数查询,以"教材"表为记录源,"教程查询"设计视图如图 5-50
所示。

(3)修改第 4 题创建的"教材订购信息"报表记录源为"教材查询"。

(4)通过控件向导分别添加"预览报表"和"打印报表"命令按钮控件,其功能是预览
和打印"教材订购信息"报表。

(5)打开"教材查询窗体",输入教材 ID,如"D002",单击"预览报表"按钮,显示该
教材的基本信息及订购信息,如图 5-51 所示。

图 5-50 "教材查询"设计视图

图 5-51 指定教材信息预览结果

图 5-49 "教材查询窗体"报表视图

项目 *6* 宏的应用

宏是 Access 数据库中执行特定任务的操作或操作集合，其中每个操作都能够实现特定的功能。例如，建立一个宏，通过宏可以打开某个窗体，打印某份报表等。可将宏认为是一种简化的、逐步执行的编程语言。宏可以包含一个或多个宏命令，也可以是由几个宏组成的宏组。宏操作是 VBA 提供命令的子集，大多数用户认为构建宏要比编写 VBA 代码更加轻松。

项目要求

一个数据库管理系统包含多个功能，在前面的项目中已经创建了查询、窗体、报表等数据库对象，在应用程序中可以通过宏将这些数据库对象连接起来，以方便管理操作。本项目包含下列任务。

（1）创建宏及条件宏。

（2）根据要求创建宏组。

（3）使用宏定义快捷键。

（4）宏的应用。

任务 1 设计宏

宏是一种工具，允许在 Access 中自动完成各种操作。宏允许执行定义的操作，并向窗体和报表中添加以下功能。

① 打开或关闭数据表、报表，打印报表，执行查询。

② 筛选、查找记录。

③ 模拟键盘动作，为对话框或等待输入的任务提供字符串输入。

④ 显示警告信息框、响铃警告。

⑤ 移动窗口，改变窗口大小。

⑥ 实现数据的导入、导出。

⑦ 定制菜单。

⑧ 设置控件的属性等。

宏可以分为宏、宏组和条件宏。宏是操作序列的集合；宏组是宏的集合；条件宏是带有条件的操作序列，条件宏中所包含的操作序列只有在条件成立时才可执行。创建宏前，应了解：

创建宏的目的	为什么要创建宏
宏实现的功能	创建的宏要实现哪些功能
创建宏	通过宏生成器创建宏

任务 1.1　创建宏

创建宏的过程主要是在宏生成器中完成的。无论是创建单个宏还是创建宏组，各种宏操作都是从 Access 中提供的宏操作中选取的，并不需要用户编写代码来定义。

【任务】创建一个名为"浏览学生表"的宏，要求运行该宏时以只读模式打开"学生"表。

任务分析

创建宏的操作是在宏生成器中完成的，创建宏的主要操作包括确定宏名、添加宏操作和设置宏操作参数等。

任务操作

（1）打开"成绩管理"数据库，在"创建"选项卡"宏与代码"选项组中单击"宏"按钮，打开宏生成器，如图 6-1 所示。

（2）在宏生成器左侧的宏设计窗格中单击"添加新操作"右侧的下拉按钮，从弹出的下拉列表中选择宏操作"OpenTable"，表示打开表操作，如图 6-2 所示。也可以在"操作目录"窗格中的"操作"列表中选择"数据库对象"，然后选择"OpenTable"。

图 6-1　宏生成器

图 6-2　设置宏操作

在"表名称"下拉列表中选择"学生"；"视图"下拉列表中有"数据表""设计""打印预览""数据透视表""数据透视图"5 个选项，本任务选择"数据表"选项；"数据模式"有"增加""编辑""只读"3 种模式，本任务选择"只读"模式。

图 6-3 "另存为"对话框

（3）单击快速访问工具栏中的"保存"按钮，弹出"另存为"对话框，如图 6-3 所示。在该对话框中输入宏名"浏览学生表"，单击"确定"按钮，保存所创建的宏。

（4）单击"宏设计"选项组中的"运行"按钮，运行该宏，此时以只读模式打开"学生"表，不能修改表记录。

如果该宏还有其他操作，则可以继续单击"添加新操作"右侧的下拉按钮，添加新的操作。

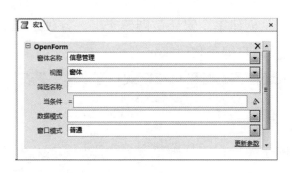

图 6-4 宏设计视图

提示

通过在宏设计视图拖放数据库对象可以快速创建一个宏。例如，在"窗体"对象中选择"信息管理"窗体，并将其拖放到宏设计视图的"添加新操作"列表框中，这时系统自动添加宏操作"OpenForm"，且在其"窗体名称"列表框中自动设置窗体名称为"信息管理"，如图 6-4 所示。

相关知识

Access 2016 宏生成器

Access 2016 宏生成器不仅可以创建宏来执行一系列待定的操作，还可以创建宏组来执行一系列相关的操作。宏既可以包含在宏对象（也称独立的宏）中，也可以嵌入在窗体、报表或控件的时间属性中。

新建宏时，在宏生成器的"设计"选项卡中有"工具""折叠/展开""显示/隐藏"三个选项组。宏生成器的中间部分是宏操作的主要区域，在该区域中可以进行宏操作的创建与编辑。宏生成器的最右侧是宏的"操作目录"对话框。在"操作目录"对话框中，系统提供了所有的宏操作，其中包括"程序流程"和"操作"两个选项。在"操作"选项中包含了"窗口管理""宏命令""筛选/查询/搜索""数据导入/导出""数据库对象""数据输入操作""系统命令""用户界面命令"子选项，可以通过这些宏操作来完成宏的创建。

任务 1.2 编辑宏

在创建一个宏之后，往往还需要对它进行修改。例如，添加新的操作或重新设置操作参数等。

【任务】修改任务 1.1，在"浏览学生表"宏中，在执行打开"学生"表操作前添加一条宏操作 MessageBox，要求当打开"学生"表时首先给出提示信息。

任务分析

修改宏也是在宏设计视图中进行的，宏操作 MessageBox 的功能是为操作给出提示信息。

任务操作

（1）在"成绩管理"数据库左侧右击"浏览学生表"宏，从弹出的快捷菜单中选择"设计视图"命令，打开"浏览学生表"宏设计视图，如图 6-5 所示。

（2）在"添加新操作"下拉列表中选择宏命令"MessageBox"，打开其设计视图，在"消息"文本框中输入"浏览'学生'表"；在"发嘟嘟声"下拉列表中选择"是"；在"类型"下拉列表中的"无""重要""警告？""警告！""信息"5 个选项中选择"信息"；在"标题"文本框中输入"打开'学生'表"，如图 6-6 所示。

图 6-5　"浏览学生表"宏设计视图　　　　图 6-6　添加宏命令 MessageBox 后的宏设计视图

（3）单击宏命令 MessageBox 右侧的上移按钮🔼，将该宏命令上移到宏命令 OpenTable 之前。

（4）单击"宏设计"选项组中的"运行"按钮，运行该宏，此时会弹出信息提示框，如图 6-7 所示，单击"确定"按钮执行后面的宏操作，以只读模式打开"学生"表。

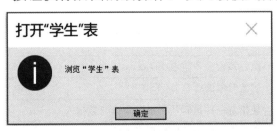

图 6-7　信息提示框

提示

如果要删除某个宏操作，则可在宏设计视图中选择该宏命令，单击宏命令右侧的删除按钮✖，或者单击"开始"选项卡"记录"选项组中的"删除"按钮，以删除当前宏操作。

相关知识

Access 中常用的宏命令

Access 提供了很多宏命令，表 6-1 列出了常用的宏命令及其功能，以便用户查询和使用。

表 6-1　常用的宏命令及其功能

宏 命 令	功 能
Submacro	只允许在由 RunMacro 或 OnError 宏操作调用的宏中执行一组已命名的宏操作
AddMenu	将一个菜单项添加到窗体或报表的自定义菜单栏中，每一个菜单项都需要一个独立的 AddMenu 宏操作
ApplyFilter	筛选表、窗体或报表中的记录
Beep	产生蜂鸣声
CancelEvent	删除当前事件
CloseWindow	关闭指定窗口
FindRecord	在表中查找第一条符合准则的记录
GoToControl	将光标移动到指定的对象上
GoToPage	将光标移动到窗体中指定页的第一个控件位置
GoToRecord	将光标移动到指定记录上
DisplayHourglassPointer	在宏命令执行过程中，将正常光标显示为沙漏形状
MaximizeWindow	将当前活动窗体最大化，以充满整个 Access 窗口
MinimizeWindow	将当前活动窗体最小化为任务栏中的一个按钮
MoveAndSizeWindow	调整当前窗口的位置和大小
MessageBox	显示一个消息对话框
OpenForm	打开指定的窗体
OpenQuery	打开指定的查询
OpenReport	打开指定的报表
OpenTable	打开指定的表
QuitAccess	执行该宏命令将退出 Access
RepaintObject	刷新对象的屏幕显示
Requery	使指定控件重新从记录源中读取数据
RestoreWindow	将最大化的窗体恢复到最大化前的状态
RunCode	执行指定的 Access 函数
RunMacro	执行指定的宏

宏　命　令	功　　能
SelectObject	选择指定的对象
SetMenuItem	设置自定义菜单中命令的状态
ShowAllRecords	关闭所有的查询，显示所有的记录
StopAllMacros	终止所有正在运行的宏命令
StopMacro	终止当前正在运行的宏命令

做一做

1．创建一个名为"MXS"的宏，其功能为打开学生信息窗体。

2．修改 MXS 宏，在宏操作 OpenForm 后分别添加宏操作 CloseWindow、MessageBox 和 OpenTable，其中 MessageBox 对应的宏操作的功能是为打开"成绩"表提供提示信息，OpenTable 对应的宏操作的功能是打开"成绩"表。

任务 2　运行宏

系统运行宏时从宏的起点开始运行宏中所有操作，直到运行另一个宏或到达宏的结束点为止。我们既可以通过宏命令直接运行宏，也可以将运行宏作为对窗体、报表控件中发生的事件所做出的响应。运行宏之前，应了解：

运行宏的方法	有哪些运行宏的方法
宏的运行结果	宏的运行结果是否满足需求

任务 2.1　直接运行宏

在 Access 数据库导航中选择宏对象，双击要运行的宏名即可直接运行该宏。

通常情况下，直接运行宏只是对宏进行测试。在确保宏的设计正确无误后，可以将宏附加到窗体、报表中的控件中，以对事件做出响应，或者创建一个运行宏的自定义菜单。

任务 2.2　通过命令按钮运行宏

通过窗体、报表中的命令按钮来运行宏，只需在窗体或报表的设计视图中打开相应控件的"属性表"对话框，在该对话框中选择"事件"选项卡，在相应的事件属性上单击，选择"事件"选项卡，在"单击"下拉列表中选择要运行的宏名即可。当该事件发生时，系统将自动运行该宏。

【任务】创建一个窗体，在窗体中添加一个命令按钮，单击该命令按钮时运行"浏览学生表"宏。

任务分析

在窗体中通过单击命令按钮运行一个宏，使宏成为某些基本操作中所包含的操作，使得操作更为集成，能够实现更多的功能。添加命令按钮时，对应的操作可以使用命令按钮向导来完成。

任务操作

（1）使用窗体设计视图新建一个空白窗体，在"主体"节中添加一个命令按钮，并在"命令按钮向导"对话框中选择命令按钮对应的操作，如图 6-8 所示。

（2）单击"下一步"按钮，选择单击命令按钮时执行的宏，如选择"浏览学生表"宏，如图 6-9 所示。

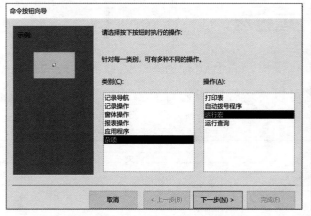
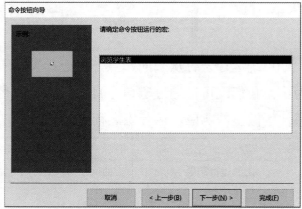

图 6-8 "命令按钮向导"对话框　　　　　图 6-9 选择单击命令按钮时执行的宏

（3）单击"下一步"按钮，设置命令按钮上的文本。单击"文本"单选按钮，并输入文本名称"浏览学生表记录"，如图 6-10 所示。

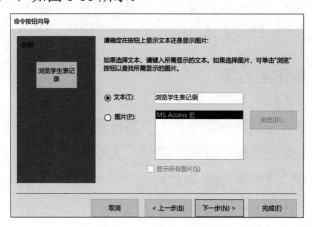

图 6-10 确定命令按钮上的文本

（4）单击"下一步"按钮，完成设置。单击"完成"按钮，即可在窗体中添加一个命令按钮，如图 6-11 所示。

（5）保存窗体，并将其命名为"学生-2"，打开该窗体视图，单击"浏览学生表记录"命令按钮，系统自动运行"浏览学生表"宏，并打开"学生"表。

如果在窗体中添加命令按钮时不使用"控件向导"进行设置操作，则在添加命令按钮后，可以通过设置"属性表"对话框中的"单击"属性，设置单击命令按钮时所要运行的宏名，如图 6-12 所示。

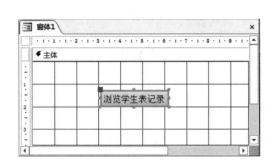

图 6-11　添加的命令按钮

图 6-12　设置命令按钮的"单击"属性

任务 2.3　自动运行宏

在应用软件操作时，有时希望当打开 Access 时，显示一个主界面，然后根据主界面的提示进行操作，这就需要创建一个自动运行的名为 AutoExec 的宏。

在 Access 数据库中创建一个名为"AutoExec"的宏后，当打开数据库时，都会自动扫描该数据库中是否有该宏，如果有则自动运行。图 6-13 所示为 AutoExec 的宏设计视图。当每次打开该宏所在的数据库时，系统将自动打开"学生基本信息"窗体视图。

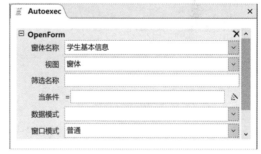

图 6-13　Autoexec 的宏设计视图

任务 2.4　宏的嵌套调用

宏的嵌套调用是指使用宏操作中的宏命令 RunMarco，在宏中调用另一个宏。

【任务】创建一个名为"MDY"的宏，在该宏中调用宏名为"浏览学生表"的宏，并运行两次。

任务分析

宏之间的调用通过宏命令 RunMarco 来实现。

任务操作

（1）新建一个宏，在"添加新操作"下拉列表中选择宏命令"RunMacro"，在宏设计视图的"宏名称"中选择"浏览学生表"，"重复次数"设置为"2"，如图 6-14 所示。

图 6-14　调用宏设计视图

（2）保存该宏，并将其命名为"MDY"。运行该宏，观察运行结果。

相关知识

宏的调试

在设计宏时一般需要对宏进行调试，Access 为调试宏提供了一个单步运行宏的方法，即每次只运行宏中的一个操作。使用单步运行宏可以观察宏的操作流程和每个操作的结果，并且可以排除导致错误或产生非预期结果的操作。例如，在宏设计视图中打开 MDY 宏，单击"宏设计"选项卡"工具"选项组中的"单步"按钮，启动宏但不运行调试；单击"运行"按钮，系统以单步的形式开始运行宏操作，并打开如图 6-15 所示的"单步执行宏"对话框。

在该对话框中包括当前单步运行宏的宏名称、条件、操作名称和参数，还包括"单步执行""停止所有宏""继续" 3 个按钮。如果单击"单步执行"按钮，则执行显示在该对话框中的第一步操作，并出现下一步操作的对话框；如果单击"停止所有宏"按钮，则终止当前宏的运行，并返回当前的操作状态；如果单击"继续"按钮，则关闭单步执行状态，并运行该宏后面的操作。

如果宏中存在问题，则将弹出错误提示信息对话框，如图 6-16 所示。根据对话框中的提示，可以了解出错的原因，以便进行修改和调试。该提示信息显示的原因可能是对"成绩 11"窗体操作错误或没有该窗体。

图 6-15　"单步执行宏"对话框

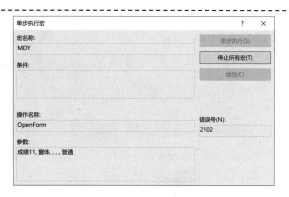
图 6-16　错误提示信息对话框

做一做

1．分别定义"学生信息"和"学生成绩"两个宏，要求运行时分别打开"学生信息"报表和"学生成绩"报表。

2．新建一个"信息查询"窗体，在窗体中添加两个命令按钮，单击命令按钮时打开第 1 题中定义的宏，并分别完成相应的功能，该窗体视图如图 6-17 所示。

3．创建一个名为"Autoexec"的宏，当启动 Access 时，系统自动打开"学生信息"窗体。

图 6-17　"信息查询"窗体视图

任务 3　创建条件宏

通常情况下，宏的执行顺序是从第一个宏操作依次向下执行到最后一个宏操作。但是，有时可能会要求宏按照一定的条件执行某些操作，这就需要在宏中设置条件来控制宏的执行流程。

条件宏通过 If 和 Else 语句来设置条件，系统根据对条件表达式的判断来运行宏操作。如果没有条件限制，则系统将直接执行该行的宏操作。如果有条件限制，则系统将首先计算条件表达式的逻辑值，当逻辑值为 True 时，系统执行该条件块中的所有宏操作，直到下一个条件表达式成立为止；当逻辑值为 False 时，系统将忽略该条件块中的所有宏操作，并自动转到下一个条件表达式或空条件进行相应的操作。建立条件宏前，应了解：

条件宏的应用	条件宏应用在哪些方面
条件宏的设计	规划好条件宏的创建操作
创建条件宏	应用条件建立条件宏

【任务】创建一个"计算"窗体，在文本框中输入一个数值后，单击"确定"按钮，调用宏判断输入的数值是否为算式的值，判断结果分别如图 6-18 和图 6-19 所示。

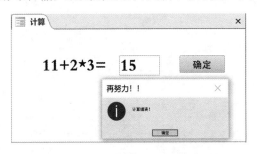

图 6-18　错误计算结果　　　　　　　　　　图 6-19　正确计算结果

任务分析

窗体命令按钮中用到一个带条件的宏，该宏的结构是 If…Else…End If，当输入的数值为算式的结果时，执行 If 语句块，系统给出计算正确的提示信息；否则执行 Else 语句块，系统给出计算错误的提示信息。窗体中的算式用标签控件来显示，可通过文本框控件输入数值。

任务操作

（1）新建一个名为"计算"的窗体，为其添加一个标签、一个文本框和一个命令按钮，并命名标签的标题和命令按钮的标题，如图 6-20 所示。

（2）右击"确定"命令按钮，在弹出的快捷菜单中选择"事件生成器"命令，打开"选择生成器"对话框，选择"宏生成器"选项，打开宏生成器，如图 6-21 所示。

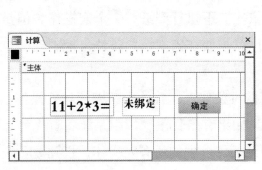

图 6-20　"计算"窗体设计视图　　　　　图 6-21　"确定"命令按钮宏生成器

（3）双击"程序流程"中的"If"选项，添加 If 语句块，并添加条件表达式"[Text0]=17"，再添加宏操作"MessageBox"，在"消息"文本框中输入"计算正确！"，在"类型"下拉列表中选择"信息"，如图 6-22 所示。

（4）单击宏设计视图中的"添加 Else"链接，添加 Else 语句块，再添加宏操作"MessageBox"，在"消息"文本框中输入"计算错误！"，在"类型"下拉列表中选择"警告！"，如图 6-23 所示。

图 6-22　添加 If 语句块

图 6-23　添加 Else 语句块

（5）保存并关闭宏，切换到窗体视图，输入一个数值，单击"确定"命令按钮，系统给出相应的提示信息。

这样就创建了一个判断计算数值正确与否的窗体，并在该窗体中设置了条件宏。

相关知识

了解宏的安全性

在 Access 用户界面中执行的操作几乎都可以在宏中实现，其中部分操作可能会导致数据丢失（如运行删除查询）。Access 具有安全性高的环境，能阻止运行有害宏。

当应用程序中运行窗体、报表、查询、宏和 VBA 代码时，Access 会使用信任中心来判断哪些命令可能是不安全的，以及要运行哪些不安全的命令。从信任中心的角度来说，宏和 VBA 代码都是"宏"，默认情况下不应该被信任，因为不安全的命令会攻击数据或环境中的其他资源。

当每次打开窗体、报表或其他对象时，Access 都会检查其不安全命令列表。默认情况下，当 Access 遇到某个不安全命令时，会阻止该命令执行。Access 要阻止这些可能不安全的命令，必须启用沙盒模式。

沙盒模式允许 Access 阻止在运行窗体、报表、查询、宏、数据访问页和 VBA 代码时遇到的不安全列表中的任何命令。启用沙盒模式步骤如下。

（1）打开 Access，单击"文件"按钮，选择"选项"，弹出"Access 选项"对话框。

（2）选择"信任中心"选项卡，单击"信任中心设置"按钮，弹出"信任中心"对话框。

（3）选择"宏设置"选项卡，选择"禁用所有宏，并且不通知"或"禁用所有宏，并发出通知"单选按钮，如图 6-24 所示。

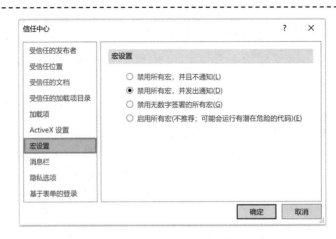

图 6-24 "信任中心"对话框

"宏设置"选项卡提供了 4 个级别的宏安全性选项。

① 禁用所有宏，并且不通知：禁止所有宏和 VBA 代码，并且不提示用户启用它们。

② 禁用所有宏，并发出通知：禁止所有宏和 VBA 代码，但提示用户启用它们。

③ 禁用无数字签署的所有宏：对于数字签署的宏验证宏数字签名的状态，对于未签名的宏将显示提示信息。

④ 启用所有宏(不推荐；可能会运行有潜在危险的代码)：不检查宏和 VBA 代码的数字签名，并且不会针对未签名的宏显示提示信息。

一般情况下，选择"禁用所有宏，并发出通知"，同时这也是默认选择。用户可将开发的数据库应用程序放在一个受信任的位置，以免启用未签名代码，且不会受到其他数据库的干扰。受信任的位置可以通过"受信任位置"选项进行设置。

任务 4　创建子宏

在 Access 中可以将几个功能相近的宏组织到一起构成宏组。宏组中的每个宏都有各自的名称，称为子宏，以便分别调用。创建子宏的方法与创建宏的方法基本相同，只需要添加宏操作 Submacro，就可以在此宏操作中创建子宏，在子宏中可以创建除宏操作 Submacro 以外其他的宏操作。创建子宏前，应了解：

子宏的特点	子宏的应用特点
子宏的设计	规划好子宏的设计操作
子宏的调用	调用子宏的方法

任务 4.1　设计子宏

【任务】为对学生信息进行管理，需要创建由"浏览表""运行查询""打开窗体""预览报表" 4 个子宏构成的宏。

任务分析

要创建的宏包含 4 个子宏，其中"浏览表"子宏的功能是打开"学生"表；"运行查询"子宏的功能是执行"学生成绩查询"；"打开窗体"子宏的功能是打开"学生信息"窗体；"预览报表"子宏的功能是预览"学生成绩"报表。

任务操作

（1）新建一个宏，在宏生成器中单击"添加新操作"下拉按钮，在下拉列表中选择宏操作"Submacro"，打开子宏"Sub1"设计视图，如图 6-25 所示。

（2）将默认的子宏名"Sub1"修改为"浏览表"，在"添加新操作"下拉列表中选择宏操作"OpenTable"，在"表名称"下拉列表中选择"学生"，在"数据模式"下拉列表中选择"只读"，如图 6-26 所示。

图 6-25　子宏"Sub1"设计视图

图 6-26　"浏览表"子宏

（3）单击子宏"浏览表"EndSubmacro 后的"添加新操作"下拉按钮，选择宏操作"Submacro"，再添加一个子宏，子宏名为"运行查询"，添加宏操作"OpenQuery"，在"查询名称"下拉列表中选择"学生成绩查询"，"数据模式"为"只读"，如图 6-27 所示。

图 6-27　"运行查询"子宏

（4）用同样的方法，分别添加第 3 个和第 4 个子宏，子宏名分别为"打开窗体""预览报表"，操作对象分别是"学生信息"窗体、"学生成绩"报表，分别如图 6-28、图 6-29所示。

图 6-28　"打开窗体"子宏　　　　　　　图 6-29　"预览报表"子宏

（5）保存该宏，并将其命名为"学生信息"。

这样就创建了"学生信息"宏，该宏又称为宏组，包含 4 个子宏。如果不创建 4 个子宏，则需要分别创建 4 个宏，宏太多不便于管理。

任务 4.2　调用子宏

宏组的运行与宏的运行有所不同，如果在宏设计视图或数据库窗口中直接运行宏组，则只有第一个子宏可以被直接运行，当第一个子宏运行结束而遇到一个新的子宏时，系统将立即停止运行，这是由于系统无法确定要运行哪一个子宏。

如果要运行子宏，则必须指明其所在的宏组名和所要运行的子宏名，格式为"宏组名.子宏名"。宏组通常附加到数据库对象（如窗体、报表或菜单等）中运行。

【任务】创建一个名为"主控"的窗体，在窗体中添加 4 个命令按钮，如图 6-30 所示，单击这 4 个命令按钮，分别执行"学生信息"宏组中对应的子宏，以实现相应的功能。

任务分析

在"主控"窗体中分别添加 4 个命令按钮，当分别单击命令按钮时，运行对应的"学生信息"宏组中的"浏览信息""运行查询""打开窗体""预览报表"子宏。窗体中调用子宏格式为"宏组名.子宏名"。

任务操作

（1）新建一个名为"主控"的窗体。在窗体设计视图中添加 4 个命令按钮，其标题分别为"浏览信息""成绩查询""学生窗体""成绩报表"，如图 6-31 所示。

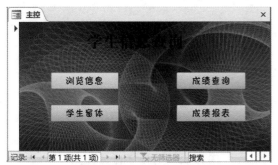 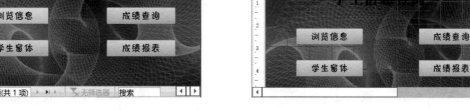

図 6-30　"主控"窗体视图　　　　　图 6-31　窗体设计视图

（2）在"浏览信息"命令按钮的"属性表"对话框中的"事件"选项卡的"单击"下拉列表中，选择要运行的宏组中的子宏"学生信息.浏览表"，如图 6-32 所示。

（3）用同样的方法，为"成绩查询""学生窗体""成绩报表"命令按钮分别设置要运行的子宏为"学生信息.运行查询""学生信息.打开窗体""学生信息.预览报表"。

（4）保存上述创建的窗体，切换到窗体视图，单击不同的命令按钮，观察运行结果。

图 6-32　为"浏览学生表"命令按钮指定子宏

做一做

1. 新建一个名为"奇数"的窗体，当输入一个整数后，单击"确定"按钮，判断该数值是否为奇数，如图 6-33 所示。

提示

（1）设计一个窗体，如图 6-33 所示。

（2）设计条件宏，如图 6-34 所示。

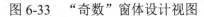

图 6-33 "奇数"窗体设计视图   图 6-34 条件宏设计视图

（3）设置窗体中的"确定"命令按钮的"单击"事件为运行 JISHU 宏。

2．创建一个名为"TD"的窗体，在窗体中输入一个数值时，判断并显示该数值是正数、零或负数。

3．设计一个宏组，该宏组中包含 3 个子宏，分别打开一个表、一个窗体、一个报表，然后创建一个窗体，为其添加 3 个命令按钮，当单击不同的命令按钮时，分别运行该宏组中对应的子宏。

任务 5 定义宏键

为了方便使用宏，可以为某个键或某个快捷键指定一个宏，被指定宏的键称为宏键，又称为快捷键。通过创建宏键和定义宏，可以在窗体或报表视图中通过宏键调用宏并执行它。例如，可以定义【F3】快捷键用于打开数据表，【Ctrl+P】快捷键用于预览报表等。定义宏键前，应了解：

宏键的特点	宏键的应用特点
宏键的设计	规划好宏键的设计操作
宏键的应用	宏键的应用方法

【任务】创建一个名为"AutoKeys"的宏组，定义【F2】快捷键用于打开"学生信息"窗体视图，定义【Ctrl+P】快捷键用于预览"学生成绩"报表，定义【Shift+F3】快捷键用于给出提示信息"祝贺你即将学完本课程！"。

任务分析

宏键应根据宏键的语法规则（见表 6-2）来定义。例如，【F2】快捷键的宏名为"{F2}"，【Ctrl+P】快捷键的宏名为"^P"，【Shift+F3】快捷键的宏名为"+{F3}"；创建名为 AutoKeys 的宏组与创建其他宏组的方法类似。

任务操作

（1）新建一个宏，进入宏生成器，单击"添加新操作"下拉按钮，在下拉列表中选择宏操作"Submacro"，切换到子宏"Sub1"设计视图，定义子宏名为"{F2}"，在"添加新操作"下拉列表中选择宏命令"OpenForm"，在"窗体名称"下拉列表中选择"学生信息"，如图 6-35 所示。

（2）用同样的方法，单击子宏"{F2}"后的"添加新操作"下拉按钮，定义一个名为"^P"的子宏，如图 6-36 所示。

图 6-35　定义子宏"{F2}"　　　　　　　　　　图 6-36　定义子宏"^P"

（3）用同样的方法，定义子宏"+{F3}"，如图 6-37 所示。以 AutoKeys 为宏组名保存该宏组。

保存该宏组后，在 Access 任意一个对象视图中按【F2】快捷键，系统自动打开"学生信息"窗体；按【Ctrl+P】快捷键则可预览"学生成绩"报表；按【Shift+F3】快捷键则弹出提示信息"祝贺你即将学完本课程!"，如图 6-38 所示。

图 6-37　创建的 AutoKeys 宏组　　　图 6-38　分别按【F2】快捷键和【Shift+F3】快捷键
的结果

相关知识

Access 宏键语法规则

AutoKeys 是一个特殊的宏组名。当启动 Access 数据库时，在 AutoKeys 宏组中设置的宏键自动生效。当用户自定义的 AutoKeys 宏键在 Access 中另有定义时，则 AutoKeys 宏键自定义的操作将取代在 Access 中定义的操作。

定义 AutoKeys 宏组中的子宏时，其子宏名必须符合宏键的语法规则。表 6-2 所示为定义宏键的语法规则示例。

表 6-2 定义宏键的语法规则示例

键 组 合	语 法	键 组 合	语 法
Backspace	{KBSP}	Ctrl+P	^P
CapsLock	{CAPSLOCK}	Ctrl+F6	^{F6}
Enter	{ENTER}	Ctrl+2	^2
Insert	{INSERT}	Ctrl+A	^A
Home	{HOME}	Shift+F5	+{F5}
PgDn	{PGDN}	Shift+Del	+{DEL}
Escape	{ESC}	Shift+End	+{END}
PrintScreen	{PRTSC}	Alt+F10	%{F10}
Scroll Lock	{SCROLLLOCK}	Tab	{TAB}
F2	{F2}	Shift+AB	+{AB}

习题 6

一、填空题

1. 建立一个宏，如果要求当该宏运行时首先打开一个表，然后打开一个窗体，那么在该宏中应使用 OpenTable 和_____两个宏命令。

2. 宏操作 OpenTable 对应的三个操作参数分别是_____、_____和_____，其中，在_____的下拉列表中可以设置表的"增加""编辑""只读"模式。

3. 当打开 Access 时自动运行的宏的名称是_____。

4. 创建包含一组宏键的宏组的名称是_____，当打开该宏所在的 Access 数据库时，该设置自动生效。

5. 宏命令 MaximizeWindows 的含义是_____。

6. 定义快捷键【Shift+F2】和【Ctrl+F2】为宏键，子宏名分别是_____和_____。

二、选择题

1. 描述若干个操作的组合的是（　　　）。

    A．表　　　　　　　　B．查询　　　　　　　　C．窗体　　　　　　　　D．宏

2. 如果要限制宏命令的操作范围，则可以在创建宏时定义（　　　）。

    A．宏操作对象　　　　　　　　　　　　B．宏条件表达式

    C．窗体或报表控件属性　　　　　　　　D．宏操作目标

3. 宏可以单独运行，但大部分情况下都与（　　）控件绑定在一起使用。

    A．命令按钮　　　　B．文本框　　　　C．组合框　　　　D．列表框

4. 打开指定报表的宏命令是（　　　）。

    A．OpenTable　　　B．OpenQuery　　　C．OpenForm　　　D．OpenReport

5. 宏组中子宏的调用格式是（　　　）。

    A．宏组名.子宏名　　　　　　　　B．宏组名!子宏名

    C．宏组名[子宏名]　　　　　　　D．宏组名(子宏名)

6. 在 AutoKeys 宏组中定义快捷键【Shift+F5】对应的宏的名称的语法是（　　　）。

    A．{F5}　　　　　　B．^{F5}　　　　　　C．+{F5}　　　　　　D．%{F5}

7. 直接运行包含子宏的宏组时，只运行该宏组中（　　　）所包含的宏操作。

    A．最后一个宏　　　　　　　　　　B．第一个子宏

    C．第二个子宏　　　　　　　　　　D．子宏全部执行

8. 在宏中引用窗体"F1"中文本框"Text1"的值，其完整的语法格式是（　　　）。

    A．[Forms]![F1]![Text1]　　　　　　　B．[Report]![F1]![Text1]

    C．[F1]![Text1]　　　　　　　　　　　D．[Text1]

9. 在宏的调试中，可配合使用设计器中的工具按钮为（　　　）。

    A．调试　　　　　　B．条件　　　　　　C．单步　　　　　　D．运行

10. 在宏的设计窗口中有宏名、操作、条件、备注等列，其中不能省略的是（　　　）。

    A．宏名列　　　　　B．操作列　　　　　C．条件列　　　　　D．备注列

11. 下列关于宏和宏组的说法中正确的是（　　　）。

    A．宏是由一系列操作组成的，不是一个宏组

    B．创建宏与宏组的区别在于：创建宏可以用来执行某个特定的操作，创建宏组则用来执行一系列操作

    C．运行宏组时，Access 会从操作开始运行每个宏，直至完成所有操作后终止

    D．不能从其他宏中直接运行宏，只能将运行宏作为对窗体、报表、控件中发生的事件做出的响应

12．不能使用宏的数据库对象是（　　　）。

A．数据表　　　　　B．窗体　　　　　C．宏　　　　　D．报表

三、操作题

1．在"教材订购"数据库中创建一个名为"浏览教材表"的宏，运行该宏时，以只读模式打开"教材"表。

2．修改在第 1 题中创建的宏，在浏览"教材"表前添加一条宏操作 MessageBox，给出提示信息"准备浏览教材表"。

3．新建一个窗体，在该窗体中添加"浏览教材表"和"订单窗体"两个命令按钮，单击任意一个命令按钮时分别执行相应的宏操作。

4．新建一个宏，运行该宏时显示一个信息框，提示要运行的宏名，然后调用另一个宏。

图 6-39　"TS"窗体视图

5．创建一个名为"HZ"的宏组，该宏组由"H1""H2""H3"3 个子宏组成，其中子宏"H1"的功能是打开"按单位分组"查询；子宏"H2"的功能是打开"教材管理"窗体；子宏"H3"的功能是预览"订单信息"报表；每个子宏运行后都给出一个相应的提示信息，信息内容自定。

6．创建一个窗体"TS"，如图 6-39 所示，在窗体中添加 4 个命令按钮，单击 4 个命令按钮，分别运行宏组 HZ 中的子宏"H1"、"H2"、"H3"和"退出"。

7．新建一个"偶数"窗体，当输入一个数值后，单击"确定"按钮，判断该数值是否为偶数，如图 6-40 所示。

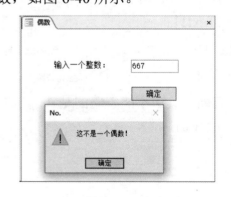

（a）数值不是偶数

（b）数值是偶数

图 6-40　判断数值是否为偶数

项目 7 数据库管理与维护

数据库的管理与维护在当今大数据时代是十分重要，不可或缺的，建立在数据库上的关键业务系统是当今企业的核心应用。为了更好地维护系统和数据库，必须随时了解系统和数据库的运行状况。优秀的数据库管理工具可以大大简化生产环境下的应用维护和管理，提高工作效率。数据库管理人员借助相应的工具可以主动、迅速、方便地监控系统的运行。

项目要求

对数据库的管理和维护是为了确保数据的安全有效，同时建立与其他数据的关联，提高工作效率。本项目包含下列任务。

（1）根据要求将 Excel 电子表格等其他格式的数据导入 Access 数据库中。

（2）根据要求将 Access 数据库中的数据导出为 Excel 电子表格等其他格式的数据。

（3）对数据库进行性能优化分析。

（4）压缩和修复数据库。

任务 1 数据导入和导出

Access 作为一种典型的开放型数据库，支持与其他类型的数据库文件进行数据交换和共享，同时也支持与其他 Windows 程序创建的数据文件进行数据交换。当进行数据交换时，需要进行数据的导入、导出操作。导入过程是指将数据从某些外部记录源添加到 Access 数据库中，从 Access 导出是指在 Access 数据库之外创建数据文件（如 Execl 文件，包含存储在 Access 中的数据库）。对数据进行导入和导出之前，应了解：

导入导出的目的	为什么要对数据进行导入和导出
导入导出操作	如何对数据进行导入和导出
导入导出的对象	要导入的数据或导出的数据及文档格式

任务 1.1 数据导入

Access 数据库获取数据的方法主要有两种，一种方法是在数据表或窗体中直接输入数据；

另一种方法是利用 Access 的数据导入功能，将外部数据导入当前使用的数据库中。导入的数据将转换为适当的 Access 数据类型，并存储在表中，可以通过 Access 数据库来管理。

【任务】将一个 Excel 电子表格"2022 级成绩表"中的数据导入"成绩管理"数据库中。

任务分析

Access 允许将多种外部数据文件导入 Access 数据库中，Access 的数据导入操作是在"外部数据"选项卡"导入并链接"选项组中完成的。

任务操作

（1）在"成绩管理"数据库中单击"外部数据"选项卡，在"导入并链接"选项组的"从新记录源"中的"从文件"列表中选择"Excel"选项，弹出"获取外部数据-Excel 电子表格"对话框，如图 7-1 所示。在"文件名"文本框中输入作为记录源的 Excel 电子表格文件名，或者单击"浏览"按钮，在弹出的"打开"对话框中选择要导入的"2022 级成绩表"电子表格。

（2）单击"将源数据导入当前数据库的新表中"单选按钮，单击"确定"按钮，在弹出的"导入数据表向导"对话框中选择合适的工作表或区域，如图 7-2 所示。单击"显示工作表"单选按钮，系统默认为"Sheet1"工作表，在对话框的下部的示例数据区域中显示该工作表中的示例数据。

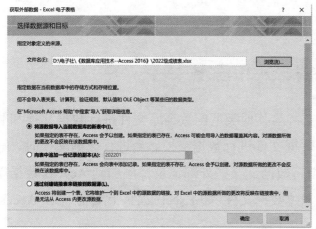

图 7-1 "获取外部数据-Excel 电子表格"对话框

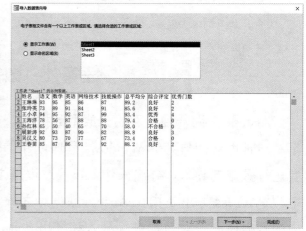

图 7-2 选择合适的工作表或区域

（3）单击"下一步"按钮，弹出如图 7-3 所示的对话框，勾选"第一行包含列标题"复选框，确定数据中的第一行作为表的字段名。

（4）单击"下一步"按钮，弹出如图 7-4 所示的对话框，单击示例中的每一列，分别在"字段选项"中设置该列的字段名称、数据类型及该字段是否索引等。

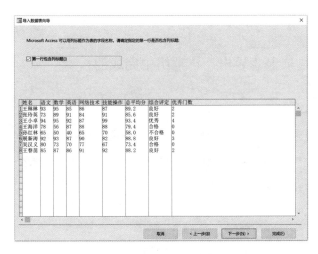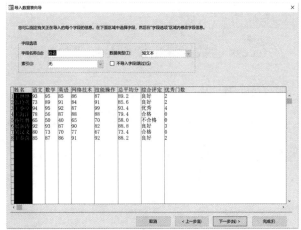

图 7-3　确定表的字段名称　　　　　　　　　　图 7-4　设置字段信息

（5）单击"下一步"按钮，弹出定义主键对话框，单击"不要主键"单选按钮。单击"下一步"按钮，打开指定表名对话框，输入要导入的表的名称，如"2022 级成绩"，单击"完成"按钮。

完成以上操作后，Access 就将导入的 Excel 电子表格以"2022 级成绩"为表名保存在"成绩管理"数据库中。"2022 级成绩"数据表视图如图 7-5 所示。

姓名	语文	数学	英语	网络技	技能操f	总平均分	综合评定	优秀门数
王琳琳	93	95	85	86	87	89.2	良好	2
张玲英	73	89	91	84	91	85.6	良好	2
王小卓	94	95	92	87	99	93.4	优秀	4
王海洋	78	56	87	88	88	79.4	合格	0
孙红林	65	50	40	65	70	58.0	不合格	0

记录：第 1 项（共 8 项）　无筛选器　搜索

图 7-5　"2022 级成绩"数据表视图

通过上述操作方式可以将 Excel 电子表格中的数据导入 Access 数据库中，还可以将 Access 数据库的表、查询、窗体、报表、宏和模块、ODBC 数据库、文本文件、XML 文件、HTML 文档等数据导入当前 Access 数据库中。

导入操作是将外部数据复制到 Access 数据库中，外部数据仍然保持其原始状态，在外部数据导入之后，将在 Access 中保存外部数据的一份副本。当导入文件时（与连接不同），Access 会将外部记录源中的副本转换到 Access 中的记录中，外部记录源在导入过程中不会发生变化。

任务 1.2　数据导出

导出操作是将 Access 数据库中的数据生成其他格式的文件，以便在其他应用程序中使用。Access 数据库中的数据可以导出到其他数据库、电子表格、文本文件和应用程序中。

【任务】将"成绩管理"数据库中的"学生"表导出为 Excel 电子表格。

任务分析

Access 的数据导出操作是在"外部数据"选项卡"导出"选项组中完成的。

任务操作

（1）打开"成绩管理"数据库，在左侧导航窗格中选择"学生"表，单击"外部数据"选项卡"导出"选项组中的"Excel"按钮，弹出"导出-Excel 电子表格"对话框，如图 7-6 所示。在"文件名"文本框中输入导出对象的存储位置和文件名。

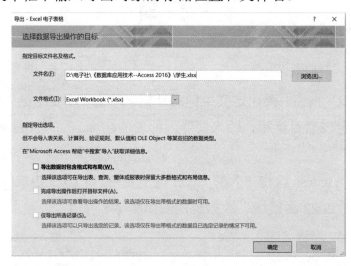

图 7-6 "导出-Excel 电子表格"对话框

（2）单击"确定"按钮，即可完成导出操作。

经过上述操作，Access 已经把"学生"表导出并生成一个 Excel 电子表格。打开"学生.xlsx"电子表格，可以观察数据导出的结果。

 提示

将表导出为 Excel 电子表格的另一种简单的方法是：在数据库左侧右击要导出的表（如"教师"表），在弹出的快捷菜单中选择"复制"命令。启动 Excel，单击工具栏上的"粘贴"按钮，将"教师"表中的记录复制到 Excel 工作表中，如图 7-7 所示。

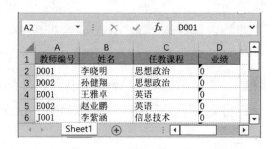

图 7-7 复制后的 Excel 工作表

相关知识

链接表操作

链接表是指不需要把其他外部记录源导入当前数据库中，而是把记录源链接到当前数据库中。链接不仅可以节省空间，减少数据冗余，还可以保证访问的数据始终是当前信息。链接的对象也可能会发生存储位置的变化，这样就有可能断开链接。

例如，对于 Excel 工作表"2022 北京冬奥会奖牌"，如果使用 Access 强大的数据管理功能，则可以将 Excel 电子表格文件链接到 Access 数据库中。

（1）打开"成绩管理"数据库，单击"外部数据"选项卡，在"导入并链接"选项组的"从新记录源"中的"从文件"列表中选择"Excel"选项，弹出"获取外部数据-Excel 电子表格"对话框，如图 7-1 所示。在"文件名"文本框中输入 Excel 电子表格文件名"2022 北京东奥会奖牌"。

（2）单击"通过创建链接表来链接到记录源"单选按钮，单击"确定"按钮，如果 Excel 电子表格中有多个工作表，则弹出"链接数据表向导"对话框，如图 7-8 所示。单击"显示工作表"单选按钮，系统默认为"Sheet1"工作表，在示例数据区域显示该工作表中的示例数据。

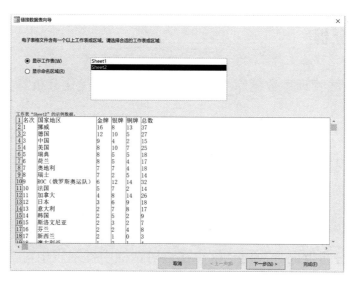

图 7-8　"链接数据表向导"对话框

（3）单击"下一步"按钮，随后的各步操作与导入数据操作相同。完成链接操作后，在数据库中打开该电子表格文件，即可对数据进行操作。

对链接表的操作不能更改链接表中各字段的数据类型等属性。

做一做

1．新建一个"成绩"数据库，将任务 1.1 中的"2022 级成绩表"Excel 电子表格导入该"成绩"数据库中，并将其命名为"2022-CJ"。

2．将具有表格格式的文本文件导入第 1 题的数据库中。

3．将一个 Excel 电子表格文件链接到 Access 数据库，然后在 Acess 数据库中打开该链接的数据表。

4．将 Access 数据库中的"成绩"表分别导出为 Excel 电子表格和文本文件。

5．将一个 Access 数据库中的一个表导出到另一个 Access 数据库中。

6．将"成绩管理"数据库中的"教材"表导出为 Word 的 RTF 格式文档。

7．将"成绩管理"数据库中的"学生成绩"表导出为 PDF 格式文档。

任务 2　数据库优化分析

Access 的"数据库工具"选项卡提供了"表分析器向导""性能分析器""文档管理器" 3 个数据库优化分析工具，可以更好地帮助用户了解所创建的数据库及各个数据库对象在性能上是否为最优。对数据库进行性能分析之前，应了解：

性能分析目的	为什么要对数据库进行性能分析
性能分析工具	对数据库进行性能分析的工具有哪些

任务 2.1　表优化分析

【任务】试对"成绩管理"数据库中的"教师"表进行优化分析。

任务分析

可以使用"表分析器向导"优化分析 Access 数据库中的表。

任务操作

（1）打开"成绩管理"数据库，单击"数据库工具"选项卡"分析"选项组中的"分析表"按钮，弹出"表分析器向导"对话框，在该对话框中提示表中可能多次存储了相同的信息，而且重复的信息将会带来很多问题，如图 7-9 所示。

（2）单击"下一步"按钮，弹出如图 7-10 所示的对话框，表分析器提示如何解决第一步中遇到的问题。解决的方法是将原来的表拆分为几个新的表，使新表中的数据只被存储一次。

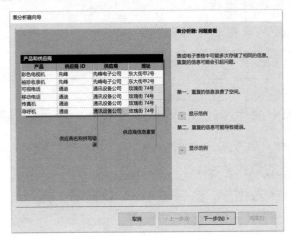

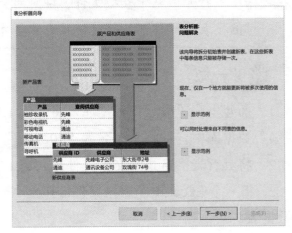

图 7-9　表分析器：问题查看　　　　图 7-10　表分析器：问题解决

（3）单击"下一步"按钮，弹出如图 7-11 所示的对话框，选择需要分析的"教师"表。如有需要，可以对所有的表逐一进行全面的分析。

（4）单击"下一步"按钮，弹出如图 7-12 所示的对话框，确定由向导还是自行决定拆分数据表。

图 7-11 选择需要分析的表　　　　　　　图 7-12 选择分析选项

（5）单击"下一步"按钮，弹出如图 7-13 所示的提示对话框，提示所选的表是否需要进行拆分以达到优化的目的。如果不需要拆分，则单击"取消"按钮，退出分析向导，表示该表已是最优，不必再进行优化。

图 7-13 提示对话框

如果在拆分表操作过程中没有弹出如图 7-13 所示的提出对话框，而是弹出"表分析器向导"对话框，则说明所建立的表需要拆分才能将这些数据进行合理的存储。例如，对"成绩"表进行分析，表分析器向导将"成绩"表拆分为 3 个表，并且在各个表之间建立起了一个关系，如图 7-14 所示。重新命名 3 个表，将光标移动到其中一个表的字段列表框中，双击标题栏，这时会弹出一个对话框，在该对话框中输入表的名字，输入完成以后，单击"确定"按钮。

图 7-14 拆分表对话框

单击"下一步"按钮，系统询问是否自动创建一个具有原来表名字的新查询，并且将原来的表重命名。这样不仅可以使基于初始表的窗体、报表能够继续工作，还可以优化初始表，不会使原来所做的工作因为初始表的变更而作废。

因此，通常选择"是，创建查询"。单击"完成"按钮，一个表的优化分析就完成了。

任务 2.2　数据库性能分析

【任务】试对"成绩管理"数据库中的窗体进行性能分析。

任务分析

对 Access 数据库中的对象进行性能分析，可以使用"性能分析器"查看各对象的性能是否为最优。

任务操作

（1）打开"成绩管理"数据库，单击"数据库工具"选项卡"分析"选项组中的"分析性能"按钮，弹出"性能分析器"对话框，如图 7-15 所示，单击"窗体"选项卡右侧的"全选"按钮，选择全部窗体。

（2）单击"确定"按钮，系统开始为数据库中的窗体进行优化分析，分析结果如图 7-16 所示。

图 7-15　"性能分析器"对话框

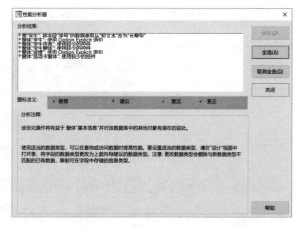

图 7-16　窗体优化分析结果

（3）在"分析结果"列表中的每一项前面都有一个符号，每个符号分别代表一种含义。根据分析结果，选择要优化的选项，单击"优化"按钮，对窗体进行优化，或者根据建议自行优化。

（4）单击"关闭"按钮，完成优化操作。

任务 2.3　文档管理器

通过使用 Access 文档管理器，可以对数据库对象进行全面的分析。例如，对表的属性、关系、字段的数据类型、长度、索引字段及属性进行分析。下面简要介绍文档管理器的使用方法。

（1）单击"数据库工具"选项卡"分析"选项组中的"数据库文档管理器"按钮，弹出"文档管理器"对话框。例如，对"学生基本信息"窗体进行分析，如图7-17所示。

（2）如果要定义打印窗体选项，单击"选项"按钮，弹出"打印窗体定义"对话框，在该对话框中确定要分析的选项，如图7-18所示。

图7-17　"文档管理器"对话框　　　　　　　图7-18　"打印窗体定义"对话框

（3）"打印表定义"对话框中包含"窗体包含""节和字段包含"两个选项组，用户可以根据需要选择要分析的选项，系统会对选项逐个进行分析，并形成打印报告。

例如，对"学生基本信息"窗体进行分析，系统提供的打印预览窗体分析结果如图7-19所示。

图7-19　系统提供的打印预览窗体分析结果

因此，用户可以通过打印出的信息资料分析出所创建的数据库是否存在问题。

做一做

1．对"成绩管理"数据库中的"学生"表进行优化分析。

2．使用"性能分析器"对"成绩管理"数据库中的全部查询进行性能分析。

3．使用"文档管理器"对"成绩管理"数据库中的全部报表进行性能分析。

任务 3　压缩和修复数据库

数据库在创建以后，为了确保数据库的正常运行且不出现错误，需要经常对数据库进行维护。在删除或修改 Access 中的表记录时，数据库文件可能会产生很多碎片，使数据库在硬盘上占用比其所需空间更大的存储空间，并且响应时间会变长。为此，Access 提供了压缩数据库的功能，可以实现数据库文件的高效存放。

例如，如果要压缩"成绩管理"数据库，则在压缩该数据库前，首先查看当前数据库的大小，然后打开该数据库，单击"数据库工具"选项卡"工具"选项组中的"压缩和修复数据库"按钮，系统将自动压缩当前的数据库。

如果数据库在操作过程中被破坏，则可以单击"压缩和修复数据库"按钮，系统将自动完成修复工作，该操作可以与压缩数据库同时进行。

为防止 Access 数据库文件受损，可以设置定期压缩和修复数据库。方法是单击"文件"选项卡中的"选项"按钮，弹出"Access 选项"对话框，选择"当前数据库"选项，勾选"关闭时压缩"复选框，如图 7-20 所示。

图 7-20　"Access 选项"对话框

做一做

1．查看"成绩管理"数据库所占用的存储空间。

2．对数据库进行压缩，查看压缩后的数据库所占用的存储空间。

习题 7

一、填空题

1．Access 数据库获取数据的方法主要有两种，一种方法是＿＿＿＿＿＿＿＿＿；另一种方法是＿＿＿＿＿＿＿＿＿。

2．链接表是指不需要把其他外部记录源导入＿＿＿＿＿就可以使用。

3．导出操作是将＿＿＿＿＿＿生成其他格式的文件。

4．对 Access 数据库进行优化分析，可以使用"数据库工具"选项卡"分析"选项组中的＿＿＿＿＿＿、＿＿＿＿＿＿和＿＿＿＿＿＿3 个数据库优化分析工具。

5. 使用"性能分析器"对 Access 数据库进行性能分析，可以分析的对象包括＿＿＿＿＿＿、＿＿＿＿＿＿、＿＿＿＿＿＿、＿＿＿＿＿＿、宏、模块及当前数据库等。

6. 当长时间使用 Access 数据库时，数据库文件可能会产生很多碎片，占用大量的存储空间，并且响应时间变长，使用 Access 系统提供的＿＿＿＿＿＿功能可以实现数据库文件的高效存放。

二、选择题

1. Access 可以导入或链接的记录源是（　　）。

A．Access　　　　　B．ODBC 数据库　　　C．Excel　　　　　D．以上都是

2. Access 中只建立一个指向源文件的关系，磁盘中不会存储副本，比较节省空间，该操作是（　　）。

A．导入　　　　　B．链接　　　　　C．导出　　　　　D．排序

3. Access 不能将数据导出为（　　）。

A．PowerPoint 演示文稿　　　　　B．Excel 电子表格

C．PDF 文档　　　　　　　　　　D．文本文件

4. 只能对 Access 数据库表进行优化分析的工具是（　　）。

A．表分析器向导　　　　　　　　B．性能分析器

C．文档管理器　　　　　　　　　D．压缩数据库

5. 所有的数据信息都保存在（　　）。

A．表　　　　　　B．页　　　　　　C．模块　　　　　D．窗体

6. 从一个表或者多个表中选择一部分数据的是（　　）。

A．表　　　　　　B．查询　　　　　C．窗体　　　　　D．报表

7. 数据库中的基本单位是（　　）。

A．表　　　　　　B．查询　　　　　C．窗体　　　　　D，报表

8. 下列叙述中，正确的是（　　）。

A．表的数据表视图只用于显示数据

B．表的设计视图只用于定义表结构

C．在 Access 中，不能更新链接的外部记录源的数据

D．在 Access 中，不能直接引用外部记录源中的数据

9. Access 中可以修改表结构的设计视图是（　　）。

A．表设计视图　　　B．窗体设计视图　　　C．数据表视图　　　D．报表设计视图

10. Access 数据库对象中，实际存放数据的对象是（　　）。

A．表　　　　　　B．查询　　　　　C．报表　　　　　D．窗体

三、操作题

1. 将一个 Excel 电子表格中的数据导入 Access "教材订购" 数据库中，在该数据库中浏览该数据。

2. 将一个 Excel 电子表格文件链接到 "教材订购" 数据库中，在该数据库中浏览该数据。

3. 将 "教材订购" 数据库中的 "教材" 表导出为 Excel 电子表格。

4. 将 "教材订购" 数据库中的 "订单" 表导出到 Access 数据库 DD 中（如果没有 DD 数据库，则需首先自行建立该数据库）。

5. 对 "教材订购" 数据库中的 "教材" 表进行优化分析。

6. 对 "教材订购" 数据库中的表和报表进行性能分析。

7. 使用 "文档管理器" 对 "教材订购" 数据库中的 "教材" 表进行分析。

8. 压缩 "教材管理" 数据库，对比压缩前后该数据库所占用的存储空间。

项目 **8** 数据库管理系统应用实例

本项目以模拟学校学生成绩管理为例，综合应用 Access 知识，介绍数据库应用程序的开发过程，不仅是对前面所学知识的系统而全面的巩固，也是对数据库应用能力的提升。

项目要求

本项目针对"成绩管理"数据库已经创建的查询、窗体、报表、宏等项目，在成绩管理应用程序中需要将各项目连接起来，形成一个可以交付用户使用的学生成绩管理系统。本项目包含下列任务。

（1）描述学生成绩管理系统各模块的功能。

（2）根据模块功能对各控制面板进行窗体设计。

（3）根据应用程序功能要求设计菜单。

（4）对学生成绩管理系统应用程序进行功能调试。

任务 1　数据库需求分析

数据库需求设计之前，应了解：

数据库需求分析	了解业务流程、用户需求、数据流程、系统功能等
系统功能设计	根据需求分析设计各功能模块

1. 需求分析

需求分析是指在系统开发之前必须准确了解用户的需求，这是数据库的设计基础，它包括数据和处理两个方面。完善需求分析，就可以使数据库的开发提高效率且合乎设计标准。学生成绩管理系统主要是为了满足学生成绩管理人员的工作需要而设计的，主要包括学生基本信息管理、学生成绩管理，以及利用计算机进行数据记录的添加、修改、删除、查询、报表打印等功能，从而替代手工操作，以提高工作效率。

2. 功能模块

本系统的应用程序界面包括菜单和特定的窗体操作，通过菜单打开窗体进行数据管理。因此，根据学生成绩管理系统需要实现的功能，总结出简要的系统功能模块，如图 8-1 所示。

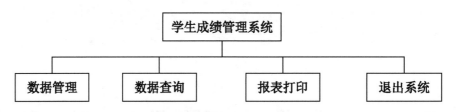

图 8-1 学生成绩管理系统功能模块

① 数据管理：对"学生"表和"成绩"表中的记录进行浏览、添加、保存、修改、删除等操作。

② 数据查询：包括学生基本信息查询和学生成绩查询。

③ 报表打印：包括学生基本信息报表打印和学生成绩报表打印。

④ 退出系统：退出学生成绩管理系统。

3. 系统设计

根据需求分析可知，本系统至少应包含"学生"表、"成绩"表、"课程"表、"教师"表和"教材"表 5 个表，5 个表包含在"成绩管理"数据库中。各个表包含的主要字段说明如下。

① "学生"表：学号、姓名、性别、出生日期、团员、身高、专业、技能证书、入学成绩、家庭住址、联系电话、照片和奖惩情况。

② "成绩"表：学号、课程号和成绩。

③ "课程"表：课程号、课程名和教师编号。

④ "教师"表：教师编号、姓名、任教课程和业绩。

⑤ "教材"表：教材编号、教材名称。

"成绩管理"数据库中各表之间的关系如图 8-2 所示，各表的结构、字段属性及记录参考本书前面的内容。

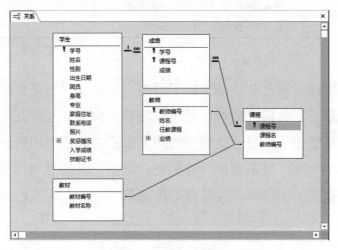

图 8-2 "成绩管理"数据库中各表之间的关系

任务 2　功能模块设计

系统模块设计之前，应了解：

系统各模块的功能	了解系统各模块实现的功能
模块数据准备	为实现模块功能的数据准备
模块功能设计	模块实现主要功能的具体设计

任务 2.1　主控面板设计

1. 设计主控面板窗体

主控面板是运行学生成绩管理系统的入口，显示了系统的功能，该主控面板可以设计为窗体，并在窗体中添加命令按钮，通过单击相应的命令按钮来完成相应的功能。"S_主控"窗体视图如图 8-3 所示。

表 8-1 列出了"S_主控"窗体中各控件部分的属性及属性值。

图 8-3　"S_主控"窗体视图

表 8-1　"S_主控"窗体中各控件部分的属性及属性值

控　件	属　性	属　性　值
窗体	默认视图	单个窗体
	记录选择器	否
	导航按钮	否
	分隔线	否
学生成绩管理系统（标签控件）	字体名称	方正卡通简体
	字体大小	22
数据管理、数据查询、报表打印、退出系统（标签控件）	字体名称	微软雅黑
	字体大小	12
图像	图片	F0.jpg
	图片类型	嵌入
	缩放模式	缩放
"数据管理"文本及命令按钮	单击	宏组"S_主控.数据管理"
"数据查询"文本及命令按钮	单击	宏组"S_主控.数据查询"
"报表打印"文本及命令按钮	单击	宏组"S_主控.报表打印"
"退出系统"文本及命令按钮	单击	宏组"S_主控.退出系统"
矩形	特殊效果	蚀刻

2. 设计主控面板宏组

"S_主控"窗体中的命令按钮是通过宏组"S_主控"来实现的。表 8-2 列出了宏组"S_主控"中各子宏对应的操作、属性及属性值。

表 8-2 宏组"S_主控"中各子宏对应的操作、属性及属性值

子 宏 名	操 作	属 性	属 性 值
数据管理	OpenForm	窗体名称	S_数据管理
		视图	窗体
数据查询	OpenForm	窗体名称	S_数据查询
		视图	窗体
报表打印	OpenForm	窗体名称	S_报表打印
		视图	窗体
退出系统	Close	对象类型	窗体
		对象名称	S_主控

其中，宏组"S_主控"中的子宏"数据管理"和"数据查询"、"报表打印"和"退出系统"的设计视图分别如图 8-4 和图 8-5 所示。

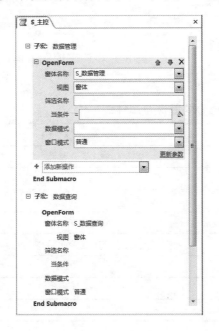

图 8-4 "数据管理"和"数据查询"子宏设计视图

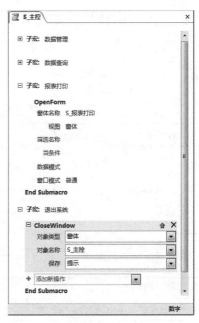

图 8-5 "报表打印"和"退出系统"子宏设计视图

任务 2.2 数据管理窗体设计

1. 设计数据管理窗体

单击"S_主控"窗体中的"数据管理"命令按钮，打开"S_数据管理"窗体视图，如图 8-6 所示。该窗体包含"学生信息""学生成绩""返回"3 个命令按钮。

图 8-6 "S_数据管理"窗体视图

表 8-3 列出了"S_数据管理"窗体命令按钮控件部分属性及属性值。

表 8-3 "S_数据管理"窗体命令按钮控件部分属性及属性值

控 件	属 性	属 性 值
"学生信息"文本及命令按钮	单击	宏组"S_数据管理.学生信息"
"学生成绩"文本及命令按钮	单击	宏组"S_数据管理.学生成绩"
"返回"文本及命令按钮	单击	宏组"S_数据管理.返回"

当单击"S_数据管理"窗体中的"学生信息"命令按钮时，打开如图 8-7 所示的"S_学生信息"窗体视图。

图 8-7 "S_学生信息"窗体视图

在该窗体中通过记录导航按钮 ⟪ ⟨ ⟩ ⟫ 可以浏览记录。通过"添加"、"删除"、"保存"和"关闭"命令按钮可以分别添加记录、删除记录、保存记录和关闭窗体。

当单击"S_数据管理"窗体中的"学生成绩"命令按钮时，打开如图 8-8 所示的"S_学生成绩"窗体视图，通过该窗体可以浏览和修改数据。"S_学生成绩"窗体设计视图如图 8-9所示。

当单击"S_数据管理"窗体中的"返回"命令按钮时，关闭该窗体，返回如图 8-3 所示的"S_主控"窗体视图。

图 8-8 "S_学生成绩"窗体视图

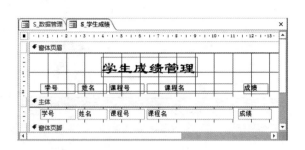

图 8-9 "S_学生成绩"窗体设计视图

2. 设计数据管理宏组

"S_数据管理"窗体中的命令按钮通过宏组"S_数据管理"来实现,表8-4列出了宏组"S_数据管理"中各子宏对应的操作、属性及属性值。

表 8-4 宏组"S_数据管理"中各子宏对应的操作、属性及属性值

子 宏 名	操 作	属 性	属 性 值
学生信息	OpenForm	窗体名称	S_学生信息
		视图	窗体
学生成绩	OpenForm	窗体名称	S_学生成绩
		视图	窗体
返回	Close	对象类型	窗体
		对象名称	S_数据管理

宏组"S_数据管理"中"学生信息"子宏设计视图和"学生成绩"子宏设计视图如图8-10所示。

（a）"学生信息"子宏设计视图

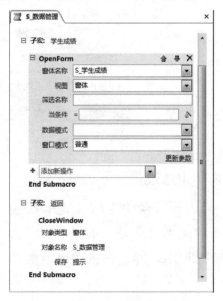

（b）"学生成绩"子宏设计视图

图 8-10 "学生信息"子宏设计视图和"学生成绩"子宏设计视图

任务 2.3　数据查询窗体设计

1．设计数据查询窗体

单击"S_主控"窗体中的"数据查询"命令按钮，打开"S_数据查询"窗体视图，如图 8-11 所示，该窗体包含"学生查询""成绩查询""返回"3 个命令按钮。

图 8-11　"S_数据查询"窗体视图

表 8-5 列出了"S_数据查询"窗体命令按钮控件部分属性及属性值。

表 8-5　"S_数据查询"窗体命令按钮控件部分属性及属性值

控　件	属　性	属　性　值
"学生查询"文本及命令按钮	单击	宏组"S_数据查询.学生查询"
"成绩查询"文本及命令按钮	单击	宏组"S_数据查询.成绩查询"
"返回"文本及命令按钮	单击	宏组"S_数据查询.返回"

当单击"S_数据查询"窗体中的"学生查询"命令按钮时，打开如图 8-12 所示的"输入参数值"对话框，按学生姓名进行查询，输入要查询的学生姓名，单击"确定"按钮，显示查询结果，如图 8-13 所示。

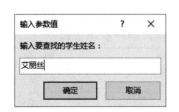

图 8-12　"输入参数值"对话框

图 8-13　查询结果

"S_学生查询"窗体记录源"单个参数查询"设计视图如图 8-14 所示。

图 8-14 "S_学生查询"窗体记录源"单个参数查询"设计视图

当单击"S_数据查询"窗体中的"成绩查询"命令按钮时，弹出如图 8-15 所示的对话框，输入要查询的学号，单击"确定"按钮，显示查询结果，如图 8-16 所示。

图 8-15 "输入参数值"对话框   图 8-16 查询结果

"S_成绩查询"查询设计视图如图 8-17 所示。

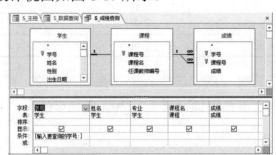

图 8-17 "S_成绩查询"查询设计视图

2. 设计数据查询宏组

"S_数据查询"窗体中的命令按钮是通过宏组"S_数据查询"来实现的，表 8-6 列出了宏组"S_数据查询"中各子宏对应的操作、属性及属性值。

表 8-6 宏组"S_数据查询"中各子宏对应的操作、属性及属性值

子 宏 名	操 作	属 性	属 性 值
学生查询	OpenForm	窗体名称	S_学生查询
		视图	窗体
成绩查询	OpenQuery	查询名称	S_成绩查询
		视图	窗体
返回	Close	对象类型	窗体
		对象名称	S_数据查询

宏组"S_数据查询"中"学生查询"子宏设计视图和"成绩查询"子宏设计视图如图8-18所示。

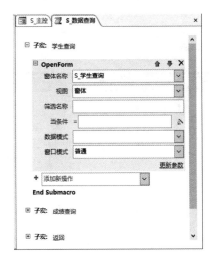

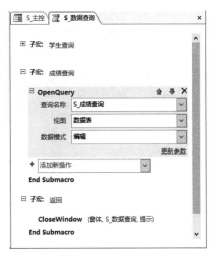

（a）"学生查询"子宏设计视图　　　　　（b）"成绩查询"子宏设计视图

图8-18　"学生查询"子宏设计视图和"成绩查询"子宏设计视图

任务2.4　报表打印设计

1. 设计报表打印窗体

单击"S_主控"窗体中的"报表打印"命令按钮，打开"S_报表打印"窗体视图，如图8-19所示。该窗体包含"信息打印""成绩打印""返回"3个命令按钮。

图8-19　"S_报表打印"窗体视图

表8-7列出了"S_报表打印"窗体命令按钮控件部分属性及属性值。

表8-7　"S_报表打印"窗体命令按钮控件部分属性及属性值

控　件	属　性	属　性　值
"信息打印"文本及命令按钮	单击	宏组"S_报表打印.信息打印"
"成绩打印"文本及命令按钮	单击	宏组"S_报表打印.成绩打印"
"返回"文本及命令按钮	单击	宏组"S_报表打印.返回"

当单击"S_报表打印"窗体中的"信息打印"命令按钮时，打印/预览"学生基本信息"报表，结果如图 8-20 所示，"学生基本信息"报表设计视图如图 8-21 所示。

图 8-20 "学生基本信息"报表打印/预览结果

图 8-21 "学生基本信息"报表设计视图

当单击"S_报表打印"窗体中的"学生成绩"命令按钮时，打印/预览"学生成绩"报表，结果如图 8-22 所示，"学生成绩"报表设计视图如图 8-23 所示。

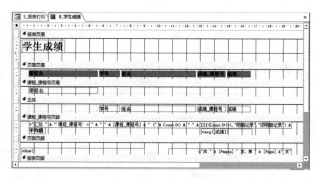

图 8-22 "学生成绩"报表打印/预览结果

图 8-23 "学生成绩"报表设计视图

2．设计报表打印宏组

"S_报表打印"窗体中的命令按钮是通过宏组"S_报表打印"来实现的，表 8-8 列出了宏组"S_报表打印"中各子宏对应的操作、属性及属性值。

表 8-8　宏组"S_报表打印"中各子宏对应的操作、属性及属性值

子 宏 名	操 作	属 性	属 性 值
信息打印	OpenReport	报表名称	S_学生信息
		视图	打印预览
成绩打印	OpenReport	报表名称	S_学生成绩
		视图	打印预览
返回	Close	对象类型	窗体
		对象名称	S_报表打印

宏组"S_报表打印"中"信息打印"子宏设计视图和"成绩打印"子宏设计视图如图 8-24 所示。

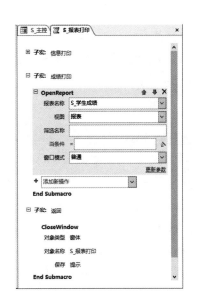

（a）"信息打印"子宏设计视图　　　　　　（b）"成绩打印"子宏设计视图

图 8-24　"信息打印"子宏设计视图和"成绩打印"子宏设计视图

任务 3　菜单设计

一个完整的数据库应用管理系统应该有一个菜单栏，以便将数据库中的各个对象连接起来。这样，用户既可以通过窗体对应用程序的各个模块进行操作，也可以通过菜单进行操作。

创建应用程序的窗口菜单可以通过创建宏的方法来实现。表 8-9 列出了学生成绩管理系统的菜单栏及菜单项。

表 8-9　学生成绩管理系统的菜单栏及菜单项

菜单栏名称（宏组）	菜单项（宏名）	宏 操 作	对 象 名 称	对　　象
数据管理	学生信息	OpenForm	S_学生信息	窗体
	学生成绩	OpenForm	S_学生成绩	窗体
	返回	Close	S_数据管理	窗体
数据查询	学生查询	OpenForm	S_学生查询	窗体
	成绩查询	OpenQuery	S_成绩查询	查询
	返回	Close	S_数据查询	窗体
报表打印	信息打印	OpenReport	S_学生信息	报表
	成绩打印	OpenReport	S_学生成绩	报表
	返回	Close	S_报表打印	窗体
退出系统	退出系统	Quit		

根据表 8-9 列出的菜单栏及菜单项，创建一个名为"S_主菜单"的宏，宏操作为"AddMenu"，菜单名称为"主控面板"，菜单宏名称为"S_主控"，包括"S_数据管理""S_数据查询""S_报表打印""退出系统"子宏，"S_主菜单"设计视图如图 8-25 所示。

设计好主菜单后，还需要把主菜单连接到"S_主控"窗体中，并在打开"S_主控"窗体时激活主菜单。在"S_主控"窗体"属性表"对话框的"菜单栏"选项中输入作为窗体菜单的菜单名，如图 8-26 所示。

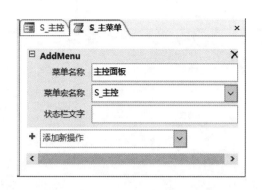

图 8-25　"S_主菜单"设计视图　　　　图 8-26　"S_主控"窗体"菜单栏"属性设置

至此，已经建立了学生成绩管理系统的主菜单，当打开学生成绩管理系统的"S_主控"窗体时即可显示该系统的主菜单，如图 8-27 所示。这时可以通过"加载项"选项卡的"主控面板"中的选项进行操作。

用同样的方法可以为窗体定义快捷菜单。例如，给"S_主控"窗体添加快捷菜单时，可在该窗体的"属性表"对话框中的"快捷菜单栏"文本框中输入快捷菜单名"S_主菜单"，如图 8-26 所示。

打开"S_主控"窗体并右击，可弹出自定义快捷菜单，如图 8-28 所示。

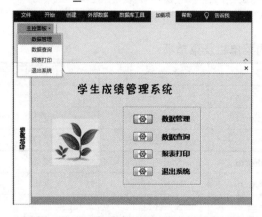

图 8-27　给"主控面板"添加的菜单　　　　图 8-28　"S_主控"窗体快捷菜单

用同样的方法可以在其他窗体或报表中自定义快捷菜单。

任务4　启动项设置

当启动 Access 数据库时，系统将自动打开应用程序的启动画面，这时可以通过自动运行宏 AutoExec 来实现，如图 8-29 所示。

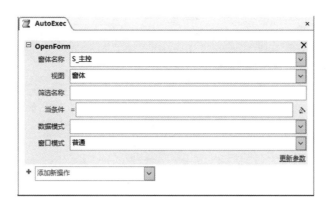

图 8-29　创建自动运行宏 AutoExec

设置自动运行宏后，当打开"成绩管理"数据库时，系统首先检查数据库中是否存在名为 AutoExec 的宏，如果存在，则执行该宏。打开学生成绩管理系统的"S_主控"窗体，用户可以根据菜单提示进行相应的操作。

习题 8

1．调试并完善本教材任务中的学生成绩管理系统。

2．结合本校实际，使用 Access 2016 设计并开发一个学校图书借阅管理系统，以实现学校进行图书借阅管理。

反侵权盗版声明

电子工业出版社依法对本作品享有专有出版权。任何未经权利人书面许可，复制、销售或通过信息网络传播本作品的行为；歪曲、篡改、剽窃本作品的行为，均违反《中华人民共和国著作权法》，其行为人应承担相应的民事责任和行政责任，构成犯罪的，将被依法追究刑事责任。

为了维护市场秩序，保护权利人的合法权益，我社将依法查处和打击侵权盗版的单位和个人。欢迎社会各界人士积极举报侵权盗版行为，本社将奖励举报有功人员，并保证举报人的信息不被泄露。

举报电话：（010）88254396；（010）88258888

传　　真：（010）88254397

E-mail: dbqq@phei.com.cn

通信地址：北京市万寿路 173 信箱

　　　　　电子工业出版社总编办公室

邮　　编：100036